高职高专"十二五"规划教材

光学零件 CAD 与加工工艺

丁驰竹　赵　鑫　郑　丹　主编

U0233880

化学工业出版社

·北京·

本书阐述了现代光学零件 CAD 设计和加工的基本原理与方法，由"光学零件 CAD 设计"和"光学零件加工工艺"两部分所构成。

上篇是"光学零件 CAD 设计"，共四章，包括光学系统设计的具体步骤、数学原理，光学系统像差综述和像质评价方法，并结合通用工程光学设计软件 ZEMAX，针对不同类型的光学系统，讲解光学系统的优化设计过程。

下篇是"光学零件加工工艺"，共九章，详细讲述了光学零件加工中粗磨、精磨、抛光、定心磨边、镀膜、胶合、检验等各个流程的关键技术。

本教材可作为高职光电专业学生的教材或自学用书，也可供有关技术人员参考。

图书在版编目（CIP）数据

光学零件 CAD 与加工工艺/丁驰竹，赵鑫，郑丹主编. —北京：
化学工业出版社，2013.1（2023.6 重印）
高职高专"十二五"规划教材
ISBN 978-7-122-16092-8

Ⅰ.①光… Ⅱ.①丁…②赵…③郑… Ⅲ.①光学零件-计算机
辅助设计-高等职业教育-教材②光学零件-加工-高等职业教育-教材
Ⅳ.①TH74

中国版本图书馆 CIP 数据核字（2012）第 304308 号

责任编辑：刘　哲　洪　强　张建茹　　　　　　　装帧设计：张　辉
责任校对：陶燕华

出版发行：化学工业出版社（北京市东城区青年湖南街 13 号　邮政编码 100011）
印　　装：北京建宏印刷有限公司
787mm×1092mm　1/16　印张 12　字数 289 千字　2023 年 6 月北京第 1 版第 5 次印刷

购书咨询：010-64518888　　　　　　　售后服务：010-64518899
网　　址：http：//www.cip.com.cn

定　　价：36.00 元　　　　　　　　　　　　　　　　　　版权所有　违者必究

前　言

　　本书阐述了现代光学零件 CAD 设计和加工的基本原理与方法，是作者多年来在专业学习、教学实践的基础上编写而成的。本书将理论与实践相结合，更强调其应用和工程性，既可作为光电专业高职学生、本科生的教材或自学用书，也可供有关的技术人员参考。

　　本书由"光学零件 CAD 设计"和"光学零件加工工艺"两个相对独立而又相互联系的部分所构成。上篇是"光学零件 CAD 设计"，共四章，包括光学系统设计的具体步骤、数学原理，光学系统像差综述和像质评价方法，并结合著名通用工程光学设计软件 ZEMAX，讲解该软件的使用方法，针对不同类型的光学系统，通过设计实例，讲解光学系统的优化设计过程，并按照由易到难的顺序进行排列，便于读者学习领悟。下篇是"光学零件加工工艺"，共九章，详细讲述了光学零件加工中粗磨、精磨、抛光、定心磨边、镀膜、胶合、检验等各个流程的关键技术，融实用性和可操作性为一体。

　　本书由武汉软件工程职业学院光电子与通信工程系组织编写，其中：上篇的第 1、2、3章由丁驰竹编写，第 4 章由赵鑫编写；下篇的第 5、6、7 章由张泽奎编写，第 8、9、13 章由郑丹编写，第 10 章由孙冬丽编写，第 11 章由刘新灵编写，第 12 章由戴梦楠编写。

　　在本书的编写过程中，始终得到了武汉软件工程职业学院光电子与通信工程系的大力支持，李建新教授等有关教师提出了许多有益的意见和建议，在此谨表示衷心的感谢。

　　由于水平有限，书中难免存在欠妥和不当之处，欢迎批评指正。

编　者

2012 年 11 月于武汉

目　　录

上篇　光学零件CAD

第1章　光学设计概述 ································· 2

1.1　光学系统设计的具体过程和步骤 ··············· 2

1.2　光学系统优化设计的数学原理 ················· 3

第2章　光学系统像差综述 ······················· 5

2.1　轴上点球差 ································· 5

2.2　彗差 ······································· 7

2.3　像散与像面弯曲（场曲） ····················· 8

2.4　畸变 ······································· 9

2.5　色差 ······································· 10

2.6　波像差 ····································· 11

2.7　几何像差及垂轴像差的曲线表示 ··············· 11

2.8　成像质量的波像差表示与瑞利（Reyleigh）判据 ··· 15

2.9　中心点亮度 ································· 16

2.10　几何点列图的像质评价方法 ················· 17

2.11　光学传递函数 ····························· 18

第3章　传统光学系统设计 ······················· 20

3.1　ZEMAX软件的基本界面 ····················· 20

3.2　单透镜设计 ································· 25

3.3　双高斯镜头设计 ····························· 32

3.4　望远镜系统设计 ····························· 33

3.5　变焦镜头设计 ······························· 36

3.6　离轴系统设计 ······························· 39

思考题和习题 ··································· 43

第4章　现代光学系统设计与公差分析 ············· 44

4.1　激光聚焦物镜设计 ··························· 44

4.2　f-theta镜头设计 ··························· 47

4.3　手机镜头设计 ······························· 51

4.4　红外物镜设计 ······························· 54

4.5　公差分析 ··································· 57

4.6　公差设计实例 ······························· 60

下篇　光学零件加工工艺

第5章　光学零件工艺一般知识 ··················· 64

5.1　光学零件加工工艺的特点及一般过程 ·· 64
5.2　光学零件加工工艺的操作知识 ·· 66
5.3　光学材料及辅料 ··· 68
5.4　光学零部件图及其标注 ·· 71
5.5　光学零件的加工余量 ··· 76
　　思考题 ··· 79

第6章　光学零件的粗磨成型工艺 ·· 80
6.1　光学零件的开料成型 ··· 80
6.2　球面零件的粗磨 ··· 83
6.3　平面零件及棱镜的粗磨 ·· 90
　　思考题 ··· 93

第7章　光学零件的细磨（精磨）工艺 ·· 94
7.1　概述 ··· 94
7.2　上盘与下盘技术 ··· 97
7.3　透镜的细磨工艺 ·· 101
7.4　棱镜的细磨工艺 ·· 103
　　思考题 ·· 106

第8章　光学零件的抛光工艺 ··· 107
8.1　概述 ·· 107
8.2　光圈的形成与识别 ··· 111
8.3　古典法抛光 ·· 117
8.4　高速抛光 ··· 120
　　思考题 ·· 124

第9章　光学零件的定心磨边 ··· 125
9.1　偏心与定心方法 ·· 125
9.2　定心磨边工艺 ··· 128
　　思考题 ·· 131

第10章　光学零件的镀膜工艺 ··· 132
10.1　光学薄膜 ·· 132
10.2　真空镀膜及其设备 ·· 135
10.3　真空镀膜工艺 ·· 142
10.4　薄膜特性检测技术 ·· 146
　　思考题 ·· 148

第11章　光学零件的胶合工艺 ··· 149
11.1　光学零件的胶合工艺 ··· 149
11.2　胶合定中 ·· 153
　　思考题 ·· 159

第12章　晶体光学零件加工工艺 ··· 160

12.1 概述 ··· 160

12.2 晶体的选料与定向 ··· 161

12.3 晶体的加工工艺 ·· 165

思考题 ·· 169

第 13 章　光学加工质量检验 ····································· 170

13.1 粗糙度及表面疵病检验 ···································· 170

13.2 面型误差检验 ·· 174

13.3 角度与线性尺寸检验 ······································· 182

思考题 ·· 184

参考文献 ·· 185

上篇 光学零件CAD

- 第1章　光学设计概述
- 第2章　光学系统像差综述
- 第3章　传统光学系统设计
- 第4章　现代光学系统设计与公差分析

第 1 章　光学设计概述

1.1　光学系统设计的具体过程和步骤

光学系统的种类繁多，由于其结构参数与成像质量之间的复杂关系，即使简单的镜头，也难以从像质要求直接求解得可用的结果。因此，光学系统设计是一个非常复杂的过程，通常是先根据镜头的性能参数和像差要求选择适当的结构形式，再基于初级像差理论求解或从文献中查找最佳的初始结构参数，然后对像差进行逐步平衡，直到满足像质要求。

光学系统初始结构设计方法包括计算法、经验法、计算结合经验法、查资料法（即根据孔径、视场、波长、焦距，进行整体缩放）等。

光学系统设计的基本步骤如下。

第 1 步，根据仪器的总体性能设计要求，确定光学镜头的性能指标，即确定镜头的焦距、视场范围、相对孔径或数值孔径等，同时确定镜头的成像质量要求。

第 2 步，根据这些具体的指标，选择镜头的结构形式，设计光学系统的初始结构。

初始结构的选择可以有多种途径，最常用的是在已经失效公开的专利中或者学术期刊上发表的论文中找一个光学特性相似的镜头，通过整体缩放，作为设计的初始结构。对于一些常见的光学镜头，有许多现成的成像质量好的结构可供选择；而一些新型的光学镜头，则要在选型上花费一番工夫。对于所选的初始结构，要进行初步的外形尺寸计算和可行性分析，甚至返回第 1 步，对设计指标进行修正。

第 3 步，进行像差校正，即通过改变镜头的面型参数（球面透镜的曲率半径、非球面透镜的各非球面系数），改变透镜的厚度及透镜之间的间隔，更换透镜材料，改变光瞳位置和大小，来减小光学系统的像差。这一步称为光学镜头的优化设计。

在光学设计中，像差校正是最重要的一步。工作量较大，对设计人员的要求很高，需要像差理论的指导和设计经验的积累。有经验的设计者可以根据对像差情况的计算与分析，有针对性地改变各镜片的形状和位置，对镜头进行优化。

第 4 步，进行像质评价，即按照要求的成像质量对镜头的像差值进行评价。如果没有达到设计要求，则回到第 3 步，分析原因，采取适当的步骤和措施，继续进行像差校正，直至镜头的成像质量符合要求。在实际的设计过程中，像差校正是一个循序渐进的过程，往往需要在第 3 步和第 4 步之间反复校正。如果经多次校正，像差仍达不到要求，此时要回到第 2 步，重新寻找合适的结构形式。

第 5 步，计算分析各镜头元件的加工公差和装配公差。

第 6 步，绘制光学系统图、光学组件和零件图，并作规范的各项标注。

光学设计软件的应用并没有改变这一过程，只是使这一过程的进程大为加快，使设计质量和效率大为提高。

1.2　光学系统优化设计的数学原理

　　光学系统的结构由所有透镜的曲率半径或非球面系数、透镜的厚度和间隔、各透镜的折射率和色散系数所确定，这些参数统称为系统的结构参数，可以用 $x_i(i=1,2,\cdots,n)$ 表示。一组 $x=(x_1,x_2,\cdots,x_n)^T$ 就代表了光学系统的一个设计方案。而多种像质评价方法对应的判据和指标、系统的焦距、后工作距和各类几何像差、波像差，都是光学系统优化设计的目标，统称为像差，即广义像差，可以用 $f_j(j=1,2,\cdots,m)$ 表示。显然，对于给定结构参数的光学系统，在一定的孔径和视场下，其像差也就完全确定，因此像差是结构参数的函数，即

$$f_j=f_j(x_1,x_2,\ldots,x_n)\qquad j=1,2,\cdots,m$$

　　光学系统优化设计，就是要修改结构参数 x，使 m 种像差逐渐达到各自的目标值。

　　但结构参数有一定的限制，如透镜的边缘和中心厚度不能小于一定的数值，透镜之间的间隔不能为负值，折射率和色散系数受限于材料而不能任意改变，系统的总长度受实际使用情况的限制等。因此修改结构参数时，需要一些边界条件的约束。

　　光学系统设计有阻尼最小二乘法、适应法、正交法等多种优化方法，其中阻尼最小二乘法是目前优化设计程序中较为普遍采用的一种方法。

　　首先构造一个评价函数 $\varphi(x)$，来综合反映成像质量的好坏，并引导结构参数的修改。设各种像差的目标值为 f_j^*，而当前值为 f_j，使 $f_j-f_j^*$ 参与评价，即

$$\varphi(x)=\sum_{j=1}^{m}(f_j-f_j^*)^2$$

　　考虑到对不同的像差应区别对待，对于严重影响像质的像差应严格控制，而另一些影响不大的像差可以适度放宽要求，在各种像差前乘上一个表示其相对重要性的非负数 W，称为权因子。要严格控制的像差，权因子较大；要求不高的像差，权因子较小；不需考虑的像差，权因子为零。对光学系统进行设计时，可根据具体的像质要求，选用若干种像差作为受控像差。修改过的评价函数为

$$\varphi(x)=\sum_{j=1}^{m}W_j(f_j-f_j^*)^2$$

　　光学系统优化设计的任务，就是在边界条件的限制下，寻求一组结构参数 x，使评价函数 $\varphi(x)$ 具有尽可能小的值。

　　根据多元函数的极值理论，使 $\varphi(x)$ 为极值的条件是 $\varphi(x)$ 关于各自变量 x_1，x_2，$\cdots$，x_n 的一阶偏导数为零，即

$$\frac{\partial\varphi}{\partial x_i}=\sum_{j=1}^{m}2W_j(f_j-f_j^*)\frac{\partial f_j}{\partial x_i}=0\qquad i=1,2,\cdots,n$$

　　上式是一组非常复杂的非线性函数关系式，为便于计算，将像差 $f_j(x)$ 在初始点 x_0 作泰勒级数展开，并只取其线性项，有

$$f_j=f_{0j}+\frac{\partial f_j}{\partial x_1}\Delta x_1+\frac{\partial f_j}{\partial x_2}\Delta x_2+\cdots+\frac{\partial f_j}{\partial x_n}\Delta x_n\qquad j=1,2,\cdots,m$$

　　式中，f_{0j} 是初始结构参数为 x_0 时的广义像差，原则上可以由光路计算得出；$\partial f_j/$

∂x_i 是第 j 种像差关于第 i 个结构参数的偏导数，原则上可由基于光路计算的差商求得。这样得到一个 n 元线性方程组，当 $m > n$ 时有唯一解。这种方法称为最小二乘法。但实际上，在远离极小点时，像差函数的非线性程度非常严重，由该线性方程组求得的 Δx_i 往往太大，远远超出了实际允许的线性区。因此，最小二乘法在光学系统优化中没有实用意义。

改进的办法是采用阻尼最小二乘法，即在评价函数中加入一个对 Δx 给予阻尼的项，将评价函数改为

$$\phi(x) = \varphi(x) + p \sum_{i=1}^{n} \Delta x_i^2$$

式中，p 是一个适当的正数，称为阻尼因子。此时，就不只是对 $\varphi(x)$，而是对包含带阻尼因子的参数修改量 Δx 在内的新评价函数 $\varphi(x)$ 使用最小二乘法。在对新评价函数作最优化处理时，被减小的不仅是像差，同时还有修改步长 Δx 本身。Δx 被减小的程度由阻尼因子 p 的大小决定。适当地选择阻尼因子 p，就能有效控制 Δx，使之在像差的线性范围内，从而很好地防止评价函数的早期发散。此外，由于在新评价函数中加入了 $p \sum_{i=1}^{n} \Delta x_i^2$ 项，实际上又加入了 n 项要求，使总要求数变为 $m + n$，使阻尼最小二乘法也适用于 $m < n$ 的情况。

目前许多光学镜头优化设计程序采用的就是阻尼最小二乘法。

第 2 章 光学系统像差综述

实际光学系统与理想光学系统有很大差异，即物空间的一个物点发出的光线经实际光学系统后，不再会聚于像空间的一点，而是形成一个弥散斑，产生各种成像缺陷。这些成像缺陷可以用各种像差来描述。

光学系统对单色光成像时，可能产生五种性质不同的像差：球差、彗差、像散、像面弯曲和畸变，统称为单色像差。对白光或复色光成像时，由于色散的存在，还会产生两种色差，即轴向色差和垂轴色差。

光学系统设计的目的就是为了校正像差，使光学系统能够在一定的相对孔径下对给定大小的视场成清晰的像。事实上，不可能获得将各种像差完全校正和消除的实际光学系统。但是考虑到人眼和其他光能接收器都具有一定的缺陷，只要将像差校正到某一限度以内，使人眼和其他光能接收器觉察不出其成像的缺陷，这样的光学系统从实用意义上说就可以认为是完善的。

2.1 轴上点球差

2.1.1 球差的定义和表示方法

由几何光学的知识可知，光轴上一点发出的光线经球面折射后在光轴上的截距 L'，是入射光线与光轴夹角 U（孔径角）或入射光线在球面上的入射点高度 h 的函数，即 L' 随 U 或 h 不同而不同。因此，轴上点发出的同心光束经光学系统各个球面折射后，将不再是同心光束。不同倾角的光线交光轴于不同位置，相对于理想像点的位置有不同偏离。这种偏离称为轴向球差，简称为球差。

球差可以表示为

$$\delta L' = L' - l'$$

式中，$\delta L'$ 为球差大小，可正可负；L' 为与某一入射孔径角相对应的实际的像方截距；l' 为理想像点对应的像方截距。显然，与光轴成不同角度的各条光线都有各自的球差。

如图 2-1 所示，由于球差的存在，在理想像面上的像点已不再是一个点，而是一个圆形的弥散斑。弥散斑的半径用 $\delta T'$ 表示，称作垂轴球差。它与轴向球差 $\delta L'$ 之间有如下关系

$$\delta T' = \delta L' \tan U'$$

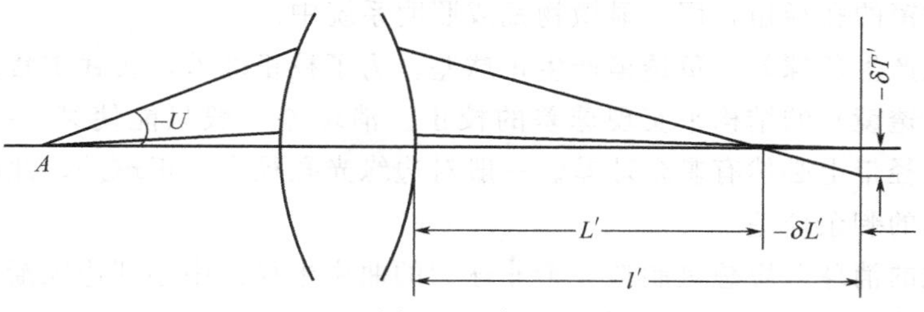

图 2-1 球差

球差是孔径角 U 或入射高度 h 的函数。根据光束的轴对称性质，可以把球差表示成 U 或 h 的幂级数。显然，球差是关于 U 或 h 的偶函数，且当 U 或 h 为零时球差也为零，因此可以写出以下两个表达式：

$$\delta L' = a_1 U^2 + a_2 U^4 + a_3 U^6 + \cdots$$
$$\delta L' = A_1 h^2 + A_2 h^4 + A_3 h^6 + \cdots$$

垂轴球差是关于 U 或 h 的奇函数，也可以用幂级数的方式表示：

$$\delta T' = b_1 U^3 + b_2 U^5 + b_3 U^7 + \cdots$$
$$\delta T' = B_1 h^3 + B_2 h^5 + B_3 h^7 + \cdots$$

展开式中的第一项称为初级球差，此后各项分别称为二级球差、三级球差等，A_1、A_2、A_3 分别称为初级球差系数、二级球差系数、三级球差系数。二级以上的球差统称为高级球差。初级球差与孔径的平方成正比，二级球差与孔径的 4 次方成正比，三级球差与孔径的 6 次方成正比。当孔径较小时，主要存在初级球差；孔径较大时，高级球差增大。大部分光学系统二级以上的球差很小，可以忽略。

对光学系统而言，球差是由系统各个折射面产生的球差作用之和，可以用球差分布式表示。对于由 k 个面组成的光学系统，球差分布式为

$$\delta L' = -\frac{1}{2 n_k' \, u_k' \, \sin U_k'} \sum_1^k S_-$$

$\sum S_-$ 称为光学系统球差系数，S_- 为每个面上的球差分布系数，表征该光学面对最终球差的贡献量

$$S_- = \frac{n i L \sin U (\sin I - \sin I')(\sin I' - \sin U)}{\cos \frac{1}{2}(I - U) \cos \frac{1}{2}(I' + U) \cos \frac{1}{2}(I + I')}$$

2.1.2　球差的校正

可以计算得出，对于单个折射球面，有三个特殊的物点位置不产生球差。

(1) $L = 0$，此时 $L' = 0$，即物像点均位于球面顶点时，不产生球差。

(2) $L = L' = r$，即物像点均位于球面的曲率中心时，不产生球差。

(3) $\sin I' - \sin U = 0$，即 $I' = U$，此时

$$L = (n + n')r / n$$
$$L' = (n + n')r / n'$$

不管孔径角 U 多大，均不产生球差。

上述三对不产生球差的共轭点称为不晕点或齐明点。可以利用齐明点的特性来制作齐明透镜，以增大物镜的孔径角，用于显微物镜或照明系统中。

一般正透镜产生负球差，负透镜产生正球差。为了校正球差，实践中常使用正负透镜组合（例如双胶合透镜）的结构来实现球差的校正。消球差一般只能使某一孔径带的球差为零，而在其他孔径带上必然有剩余球差。一般对边缘光孔径带校正球差，此时在 0.707 高度的光线具有最大的剩余球差。

一种理想化的消球差思想是制造一个非球面的曲率半径由中心到边缘渐变的透镜，类似于眼睛中的水晶体的结构，从而达到消球差的目的。

2.2 彗差

彗差是一种描述轴外点光束经系统成像后失去相对于主光线的对称性的像差。

如图 2-2 所示，轴外物点 B 发出的子午光束中，B_a、B_p、B_b 分别为上光线、主光线、下光线。由于它们在球面上的入射点相对于辅轴 BC 有不同的高度，即有不同的球差，因此原本对称于主光线的上、下光线经球面折射后，失去了对称性，其交点 B_t' 相对于主光线有偏离，偏离量 K_t' 的大小反映了子午光束失对称的程度，称为子午彗差。

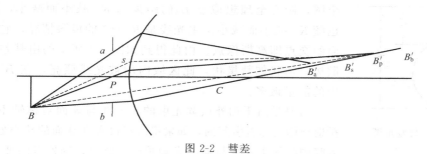

图 2-2 彗差

子午彗差（图 2-3）以上、下光线与高斯像面交点高度的平均值和主光线与高斯像面交点高度之差来表征，即

$$K_t' = \frac{1}{2}(y_a' + y_b') - y_p'$$

式中，y_a'、y_b'、y_p' 分别是上、下、主光线与高斯像面交点的高度。

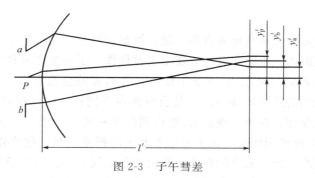

图 2-3 子午彗差

类似的，对于弧矢平面（包含主光线并与子午平面垂直的平面）上具有相同孔径的一对前后光线，由于对称于辅轴，其折射光线必相交于辅轴上。这对光线在球面上的入射高度略高于主光线，等效于子午平面上比主光线略高的一条光线 B_s，因此，其与辅轴的交点，即前后光线的交点 B_s'，也将偏离主光线，其偏离量用 K_s' 表示，称为弧矢彗差。

前、后光线与高斯像面的交点高度必相等，故有

$$K_s' = y_s' - y_p'$$

式中，y_s' 是前、后光线与高斯像面交点的高度，y_p' 是主光线与高斯像面交点的高度。

彗差是轴外点成像时产生的一种宽光束像差，与视场 y 和孔径角 U 或入射高度 h 有关。当孔径角 U 改变符号时，彗差的符号不变，故彗差的级数展开式中只有 $U(h)$ 的偶次项；

当视场 y 改变符号时，彗差反号，故彗差的级数展开式中只有 y 的奇次项；当视场和孔径均为零时，没有彗差，故展开式中没有常数项。彗差的级数展开式可写为

$$K_s' = A_1 yh^2 + A_2 yh^4 + A_3 y^3 h^2 + \cdots$$

式中，第一项为初级彗差，第二项为孔径二级彗差，第三项为视场二级彗差。大孔径小视场的光学系统，彗差主要由一、二项决定；大视场、孔径较小的光学系统，彗差主要由一、三项决定。

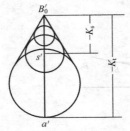

图 2-4　彗差光斑

轴外点发出的充满整个入瞳的光束可以看作是由一系列与入瞳面相截成不同半径 R_1 的圆锥面光束组成。它们经光学系统后，各自在高斯像面上形成一个圆，圆心至理想像点 B_0' 的距离随 R_1 减小而减小，圆的半径也随 R_1 减小而减小。主光线是 $R_1 = 0$ 的极限情况，它与高斯像面的交点即高斯像点。由此得到如图 2-4 所示的由彗差形成的弥散斑，形状如彗星状，此区域内均被光线照亮，在 B_0' 点附近集中的能量最多。

彗差是由于轴外点宽光束的主光线与球面对称轴不重合而由折射球面的球差引起的，如果将入瞳设置在球面的球心处，则通过入瞳中心的主光线与辅助光轴重合，此时，轴外点同轴上点一样，入射的上下光线必将对称于该辅助光轴，出射光线也一定对称于辅轴，此时不再产生彗差。

彗差的大小、正负还与透镜的形状、系统的结构形式有关，采用对称式结构形式可消除彗差。

2.3　像散与像面弯曲（场曲）

2.3.1　像散

彗差是针对轴外点宽光束成像而言的。随着视场的增大，远离光轴的物点，即使在沿主光线周围的细光束范围内，也会明显地表现出失对称性。子午细光束和弧矢细光束能各自会聚于主光线上，但前者的会聚点 B_t'（子午像点）和后者的会聚点 B_s'（弧矢像点）并不重合。当用一垂直于光轴的屏沿轴移动时，就会发现在不同位置时，物点 B 发出的成像细光束的截面形状有很大变化。在子午像点 B_t' 处得到的是一垂直于子午平面的短线，称为子午焦线；在弧矢像点 B_s' 处得到的是一位于子午平面上的铅垂短线，称为弧矢焦线，且两焦线互相垂直。在两条短线之间，光束的截面形状由子午焦线变到长轴与子午面垂直的椭圆，变到圆，变到长轴在子午面的椭圆，再变到弧矢焦线。子午光线交点 B_t' 和弧矢光线交点 B_s' 间的沿轴偏离，称为像散。

像散的存在是因为轴外物点发出的细光束在光学球面上所截得的曲面是非对称的，在子午和弧矢上表现最大的曲率差，从而会聚点不同，产生像散。若入瞳处于球心处，则不存在像散。

2.3.2　场曲

子午像点 B_t' 和弧矢像点 B_s' 相对于高斯像面有偏离，偏离量的大小与视场有关。子午像点构成的像面称为子午像面，弧矢像点构成的像面称为弧矢像面，两者均为以光轴为旋转轴的旋转曲面，并与高斯像面相切。

子午像点 B'_t 和弧矢像点 B'_s 相对于高斯像面的沿轴偏离 x'_t 和 x'_s，表征了子午像面和弧矢像面的弯曲程度，分别称为子午像面弯曲和弧矢像面弯曲，也叫场曲。两者之差，即 $\Delta x' = x'_t - x'_s$，就是同一视场的像散，见图 2-5。

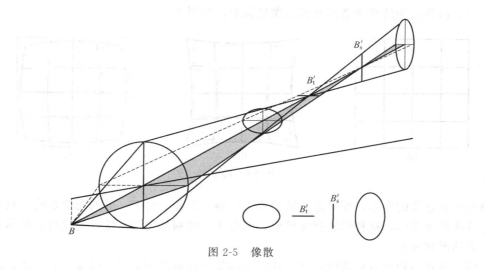

图 2-5　像散

细光束的场曲与孔径无关，只是视场的函数。场曲的级数展开式为

$$x'_{t(s)} = A_1 y^2 + A_2 y^4 + A_3 y^6 + \cdots$$

式中，第一项为初级场曲，第二项为二级场曲，第三项为三级场曲。

存在场曲的光学系统成像时，一平面物体将变成一回转曲面，在任何像平面处都不会得到一个完善的平面像。

像散和场曲是两种密切联系的像差。但是需要说明的是，场曲是由球面特性所决定的，即使无像散，即子午像面与弧矢像面重合在一起，仍存在场曲，此时的像面弯曲称为匹兹伐尔场曲，此时的像面为匹兹伐尔像面。

2.4　畸变

在讨论理想光线的成像时，认为在一对共轭的物像平面上，其放大率是常数。但对于实际光学系统，只有视场较小时才具有这一性质。而视场较大时，像的放大率就要随视场而异，不再是常数，这样会使像相对于物失去相对性。这种使像变形的缺陷称为畸变。

设一视场的主光线与高斯像面交点的高度为 y'_p，而理想像高为 y'_0，两者之差称为线畸变（绝对畸变），即

$$\delta y' = y'_p - y'_0$$

实际上常用 $\delta y'$ 相对于理想像高的百分比来表示畸变，称为相对畸变，即

$$\frac{\delta y'}{y'_0} = \frac{y'_p - y'_0}{y'_0} \times 100\%$$

畸变仅与视场 y 相关，随 y 符号改变而反号，故畸变的级数展开式中仅有 y 的奇次项

$$\delta y' = A_1 y^3 + A_2 y^5 + \cdots$$

式中，第一项为初级畸变，第二项为二级畸变。展开式中没有 y 的一次项，因为 y 的

一次项代表理想像高。

有畸变的光学系统，若对等间距的与光轴同心的圆物面成像，将得到非等间距的同心圆。若物面为图 2-6(a) 所示的正方形网格，则由正畸变的光学系统所成的像呈枕形，如图 2-6(b)，由负畸变的光学系统所成的像呈桶形，如图 2-6(c)。

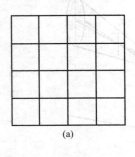 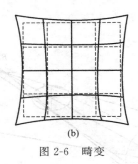 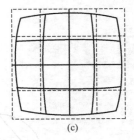

图 2-6   畸变

畸变只引起像的变形，而对像的清晰度无影响。因此，对于一般的光学系统，只要感觉不出它所成像的变形，这种像差就无妨碍。但对于一些测量光学系统，畸变将直接影响测量精度，必须严格校正。

采用对称式结构可自动消除畸变，孔径光阑处于透镜之前得到负畸变，处于透镜之后得到正畸变，所以，如果将光阑设置在两透镜之间，可能消除畸变。将光阑设置在球心或与透镜重合，也可不产生畸变。

2.5   色差

绝大多数光学仪器用白光成像。白光是由各种不同波长的单色光组成的，所以白光经光学系统成像可看成是同时对各种单色光的成像。各种单色光各具有前面所述的各种单色像差，而且其数值也是各不相同的，这是因为任何透明介质对不同波长的单色光具有不同的折射率。白光经光学系统第一个表面折射后，各种色光就被分开了，随后就在光学系统内以各自的光路传播，造成了各种色光之间成像位置和大小的差异，称之为色差。色差分为两种，描述不同色光对轴上物点成像位置差异的色差称为位置色差或轴向色差，描述不同色光成像倍率差异的色差称为倍率色差或垂轴色差。

对于目视光学系统，通常用蓝色的 F 光和红色的 C 光来描述色差。

2.5.1   位置色差

如图 2-7，轴上物点 A 发出一束近轴的白光，经光学系统后，其中 F 光交光轴于 A_F'，C 光交光轴于 A_C'，它们分别是 A 点发出的 F 光和 C 光的高斯像点，它们的轴向偏离就是近轴光的位置色差，用 $\delta l_{ch}'$ 表示，即

$$\delta l_{ch}' = l_F' - l_C'$$

由于位置色差的存在，光轴上一点即使以近轴光成像也不能得到清晰像，而是在像平面上产生彩色光圈状的弥散斑。可见，色差严重影响光学系统的像质，成像用的光学系统都必须校正位置色差。

单透镜不能校正色差。单正透镜产生负色差，单负透镜产生正色差。色差的大小与光焦

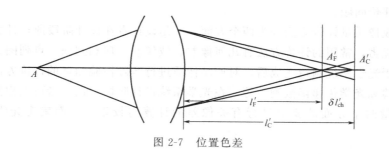

图 2-7　位置色差

度成正比，与阿贝数成反比。消色差的光学系统需要由正负透镜组成。

2.5.2　倍率色差

校正了位置色差的光学系统，只能使两种色光的像点或像面重合，但两种色光的焦距不一定相等，使这两种色光可能具有不同的放大率，即存在倍率色差。

倍率色差用两种色光的主光线与高斯像面的交点高度之差来度量，用 $\delta y_{ch}'$ 表示，即

$$\delta y_{ch}' = y_F' - y_C'$$

倍率色差的存在，使物体像的边缘呈现颜色，影响像的清晰度。因此，具有一定大小视场的光学系统，必须校正倍率色差。

2.6　波像差

前面对像差的讨论是以几何光学为基础的，用光线经光学系统的实际光路相对于理想光路的偏离来度量，统称为几何像差。这种像差虽然直观，容易由计算得到，但对高质量的光学系统，仅用几何像差来评价成像质量有时是不够的，还需进一步研究光波波面经光学系统后的变形情况来评价系统的成像质量，因此需要引入波像差的概念。

物点发出的同心光束为球面波。此球面波经光学系统后，改变了曲率半径。如果光学系统是理想的，则形成一个新的球面波，其球心为物点的理想像点。但实际的光学系统的像差将影响出射波面，不复为理想的球面波。实际波面相对于理想波面的偏离，用波像差来度量。规定实际波面在理想波面之前时的波像差为正，反之为负。当实际波面与理想波面在出瞳处相切时，两波面间的光程差就是波像差。波像差是孔径的函数，且几何像差越大，其波像差也越大。

由于波像差与几何像差之间有较为方便和直接的联系，因此最大波像差是一种方便而实用的像质评价方法。波像差越小，系统的成像质量越好。按照瑞利判据，当光学系统的最大波像差小于 1/4 波长时，其成像是完善的。对于显微镜和望远物镜这类小像差系统，其成像质量应按此标准来要求。

2.7　几何像差及垂轴像差的曲线表示

任何光学系统都是把目标发出的光，按照其工作原理的要求，改变光的传播方向和位置，进入接收器，获得目标的信息。由于实际光学系统并不是理想系统，因此，实际光学系统所成的像与理想像之间存在偏离与差异，这种差异称之为像差。所以就存在对光学系统成

像质量优劣的评价问题。

　　光学系统成像质量评价方法分为两个方面：一是设计者在设计阶段通过计算评价光学系统成像质量的优劣，常用的评价方法有几何像差、波像差、瑞利判据、点列图、光学传递函数等；二是用于光学系统制造完成后，对产品像质进行实际检验测量的评价方法，有分辨率检验、星点检验和光学传递函数测量等。在光学系统设计阶段，设计者可以根据系统的光学特性和成像质量两个方面的要求进行有关像差的计算与校正，从而确定光学系统的结构参数。

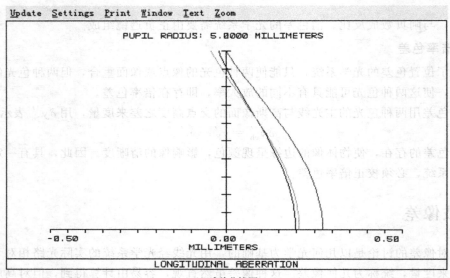

(a) 球差曲线图

Listing of Longitudinal Aberration Data

File : C:\ZEMAX\Samples\Sequential\Objectives\Cooke 40 degr
Title: A SIMPLE COOKE TRIPLET.
Date : MON NOV 12 2012

Units are Millimeters.

Rel. Pupil	0.4800	0.5500	0.6500
0.0000	1.967E-001	2.073E-001	2.739E-001
0.0200	1.966E-001	2.072E-001	2.738E-001
0.0400	1.963E-001	2.067E-001	2.734E-001
0.0600	1.956E-001	2.060E-001	2.727E-001
0.0800	1.947E-001	2.051E-001	2.716E-001
0.1000	1.936E-001	2.038E-001	2.703E-001
0.1200	1.922E-001	2.023E-001	2.687E-001
0.1400	1.905E-001	2.005E-001	2.668E-001
0.1600	1.886E-001	1.984E-001	2.646E-001
0.1800	1.864E-001	1.961E-001	2.621E-001
0.2000	1.840E-001	1.935E-001	2.593E-001
0.2200	1.814E-001	1.906E-001	2.563E-001

(b) 球差数据报表

图 2-8　球差曲线图及数据报表

光学设计中最早用于评价像质的量化指标是几何像差。实际光学系统成像中，同一物点发出的同心光束，经过系统后在像空间的出射光线不再是聚焦于理想像点的同心光束，而是具有复杂几何结构的像散光束，在像面上形成一弥散斑，使得像变模糊；同时，形成的像相对于物发生变形，这些成像缺陷就是像差。描述像散光束位置、结构与理想像点同心光束位置、结构间的差异，以及像与物形状偏离相似的几何参数，称为几何像差。

（1）球差曲线

在 ZEMAX 使用环境下，点击菜单栏中 Anaysis 按钮，弹出下拉菜单，点击 Mscella-neous 按钮，再弹出下级下拉菜单，选择点击菜单 Longitudinal Aberraion，即可出现如图 2-8(a) 所示球差曲线图。图中，球差曲线纵坐标是孔径，横坐标是球差（色球差）。点击图 2-8(a) 中的 Text 按钮，即可获得详细的球差数据报表，如图 2-8(b) 所示。由图可知，此系统存在的球差主要是初级球差。在使用球差曲线图分析像质时，要注意球差的大小，还要注意曲线的形状，特别是代表几种色光的几条曲线之间的分开程度，如果单根曲线还可以，但是曲线间的距离很大，表明系统存在很大的位置色差（轴向色差）。

（2）焦点色位移

在 ZEMAX 使用环境下，点击菜单栏中 Anaysis 按钮，弹出下拉菜单，点击 Mscella-neous 按钮，再弹出下级下拉菜单，选择点击菜单 Chromatic Focal Shift，即可出现如图 2-9 所示曲线图。图 2-9 曲线表示的是系统工作波长范围内不同波长的色光近焦距位移。

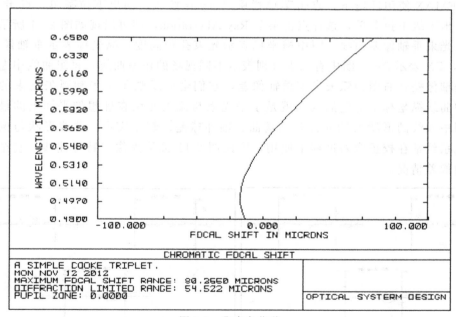

图 2-9　焦点色位移

（3）轴外细光束像差曲线

在 ZEMAX 使用环境下，点击菜单栏中 Anaysis 按钮，弹出下拉菜单，点击 Mscella-neous 按钮，再弹出下级下拉菜单，选择点击菜单 Field Curv/Dist，即可出现如图 2-10 所示轴外细光束像差曲线。该图由两个曲线构成，左图为像散场曲线，右图为畸变曲线，不同颜色表示不同色光，T 和 S 分别表示子午量和弧矢量，相同颜色的 T 和 S 间的距离表示像散的大小，纵坐标为视场。左图横坐标是场曲，右图是畸变的百分比值。

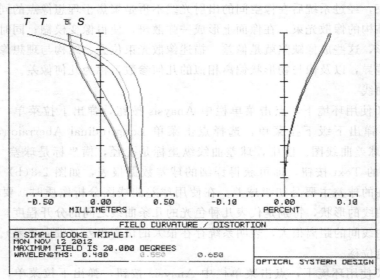

图 2-10　轴外细光束像差曲线

（4）子午光束与弧矢光束垂轴像差曲线

在 ZEMAX 使用环境下，点击菜单栏中 Anaysis 按钮，弹出下拉菜单，点击 Fans 按钮，再弹出下级下拉菜单，选择点击菜单 Ray Aberration，即可出现如图 2-11 所示子午光束与弧矢光束垂轴像差曲线。图中横坐标表示光束孔径高度，纵坐标表示垂轴像差，EY 表示 $\delta y'$，EX 表示 $\delta x'$。图中有三组分别表示不同视场的像差曲线，每组曲线中左图为子午光束垂轴像差，右图为弧矢光束垂轴像差，它们全面反映了子午和弧矢光束的成像质量。图中曲线纵坐标上对应的区间就是子午光束与弧矢光束在理想像平面上的最大弥散范围。图中曲线的形状由轴外像差如场曲、轴外球差、彗差决定。曲线形状与像差数量的对应关系经常在校正像差过程中使用，因此图 2-11 又称为像差特性曲线，它全面反映了系统的像差情况。

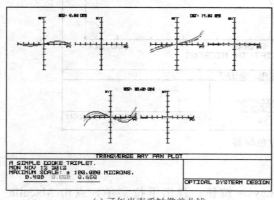

（a）子午光束垂轴像差曲线

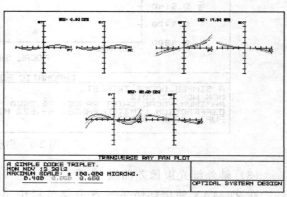

（b）弧矢光束垂轴像差曲线

图 2-11　像差特性曲线

（5）垂轴色差（倍率色差）

在 ZEMAX 使用环境下，点击菜单栏中 Anaysis 按钮，弹出下拉菜单，点击 Mscella-neous 按钮，再弹出下级下拉菜单，选择点击菜单 Lateral Color，即可出现如图 2-12 所示的垂轴色差（倍率色差）。图中横坐标表示不同色光与参考色光像高的像差，纵坐标表示视场。图中两条 AIRY 表示的曲线为艾里斑范围。从图中可以看出系统的垂轴色差小于艾里斑范围，垂轴色差已经得到较好的校正。

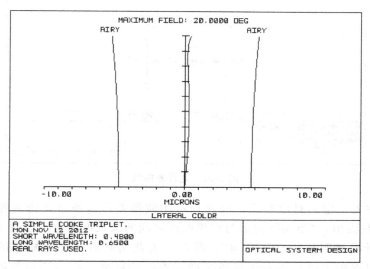

图 2-12　垂轴色差（倍率色差）

2.8　成像质量的波像差表示与瑞利（Reyleigh）判据

　　像差除了用几何像差描述外，还可以根据光的波动性来描述。由光的波动理论可知，波面是光波在传播过程中的等相位面，其法线就是几何光学中的光线。根据波面的概念，对于理想像点，它的波面为没有缺陷的球面（理想波面）；当系统存在像差时，点像的波面就不是理想的球面。例如，当一个光学系统有欠校正的球差时，则孔径边缘的光线在近轴像点的左侧交于光轴，表示该像点的变形波面在其边缘处要比理想波面超前。这种实际波面比理想波面之间的偏离即为波像差，如图 2-13 所示。其大小为实际波面与理想波面之间的径向差与所在介质的折射率乘积，又称为光程差，用 OPD（Optical Path Difference）表示。在 ZEMAX 使用环境下，点击菜单栏中 Anaysis 按钮，弹出下拉菜单，点击 Fans 按钮，再弹出下级下拉菜单，选择点击菜单 Optical Path，即可出现如图 2-14 所示的光程差曲线图。或者直接点击工具栏中的 Opd 按钮。

　　无论轴上点还是轴外点，几何像差与波像

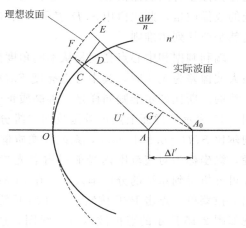

图 2-13　球差与波像差的关系

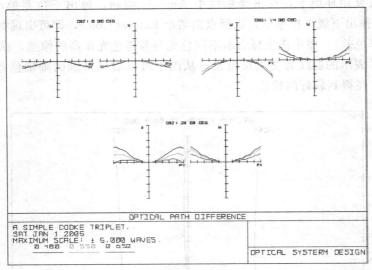

图 2-14　光程差曲线

差之间总是存在着一定的对应关系，因此均可用波像差作为衡量评价成像质量优劣的指标。1879 年瑞利提出："当实际波面与理想波面之间的最大波像差不超过 λ/4 时，则剩余像差对成像质量没有明显的有害影响"，即可认为此实际波面是无缺陷的，成像是完善的。这是长期以来用于评价光学成像质量的一个经验标准，称为瑞利判据。根据瑞利判据，由波像差≤λ/4 的要求，可以得出相应几何像差的允许值，即几何像差容限。瑞利判据方便实用，但它是一种较为严格的像质评价方法，适用于像质要求高的小像差光学系统。

2.9　中心点亮度

瑞利判据是根据成像波面的变形程度来判断成像质量的，而中心点亮度则是依据光学系统存在像差时其成像衍射斑的中心亮度和不存在像差时衍射斑的中心亮度之比来表示光学系统的成像质量，此比值用 $S.D$ 表示。当 $S.D \geqslant 0.8$ 时，认为光学系统的成像质量是完善的，这就是斯托列尔准则。

瑞利判据和中心点亮度是从不同角度提出的像质评价方法，对一些常用的像差形式，当最大波像差为 λ/4 时，其中心点亮度 $S.D$ 约等于 0.8，这说明两种评价成像质量的方法是一致的。斯托列尔准则同样是一种高质量的像质评价标准，它也只适用于小像差光学系统。图 2-15 表示了像面上点扩散函数的二维分布情况，并说明了点像的分布范围，图中的斯托列尔比 $S.D = 0.961 > 0.8$，系统成像质量比较好。图 2-16 是包围圆能量图，横坐标为圆半径，纵坐标为对应范围内光能量占总光能的百分比，根据占总光能 30% 所对应的圆半径，即可分析得到系统的分辨率极限。在 ZEMAX 使用环境下，点击菜单栏中 Anaysis 按钮，弹出下拉菜单，点击 PSF 按钮，再弹出下级下拉菜单，选择点击菜单 Huygens PSF，即可出现如图 2-15 所示的点扩散函数曲线图。选择点击菜单 Encircled Energy，确定图 2-16 所示的包围圆能量图。

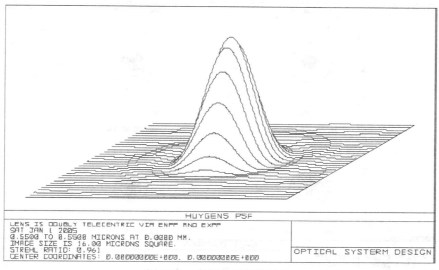

图 2-15 点扩散函数曲线图

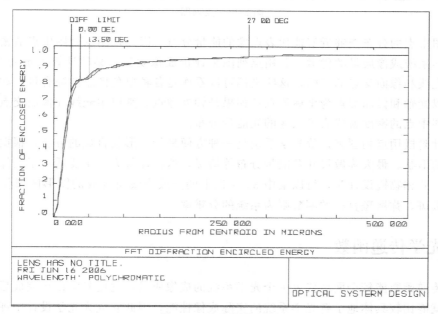

图 2-16 包围圆能量图

2.10 几何点列图的像质评价方法

在几何光学的成像过程中，由一点发出的许多条光线经过光学系统成像后，由于各种几何像差的存在，使得各条光线与像面的交点不再集中于同一点，而是形成了一个散布在一定范围内的弥散图形。在 ZEMAX 使用环境下，点击菜单栏中 Anaysis 按钮，弹出下拉菜单，点击 Spot Diagrams 按钮，确定点列图，如图 2-17 所示。

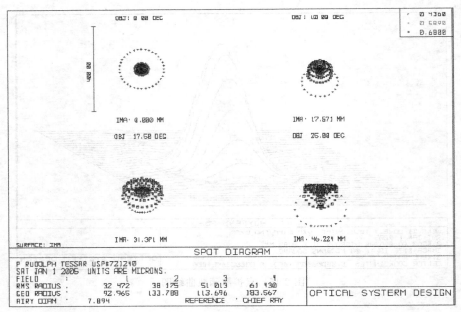

图 2-17　点列图

　　点列图中点的分布能够近似地代表点像的能量分布。因此，用点列图中点的密集程度可以衡量光学系统成像质量的优劣。利用点列图来评价成像质量，必须计算大量光线的光路，得出每条光线和像面交点的坐标，这些坐标可以看作是各种单色像差的综合量。如果是轴上像点，则以光轴和像面交点为坐标原点；如果是轴外像点，则以主光线和像面交点为坐标原点。点列图中点的密度就代表了点像的光能量分布。

　　在设计阶段用点列图来评价光学系统是一种方便易行、形象直观的方法，根据点列图可得知点像的形状、最大弥散尺寸及能量分布等情况，这种评价方法主要适用于大像差光学系统。例如，照相物镜设计时，将以集中 30% 以上的点或光线所构成的图形区域作为其实际有效的弥散斑，弥散斑直径的倒数则为系统的分辨率。

2.11　光学传递函数

　　光学传递函数能较全面地代表一个光学系统的成像质量，它使光学设计完成后，不需要进行试制就能比较具体地了解光学系统的实际成像性能，因此它成为光学设计中评价像质的主要方法。常用的方式是给出若干视场的子午 MTF 曲线和弧矢 MTF 曲线。在 ZEMAX 使用环境下，点击菜单栏中 Anaysis 按钮，弹出下拉菜单，点击 MTF 按钮，如图 2-18 所示。由图可以看出，当空间频率 $N=0$ 时，$MTF=1$，随着 N 的增大，MTF 值下降，当空间频率增大到某一值时，MTF 降为零，与此对应的频率称为光学系统的截止频率。一般来说，高频传递函数反映了物体细节的传递能力，低频传递函数反映了物体轮廓的传递能力，中频传递函数反映对物体层次的传递能力。

　　传递函数曲线在光学设计中有以下用途：①确定不同对比度的目标，经光学系统成像后，光学系统的截止空间频率就是该系统的分辨率极限，用不同的接收器接收时能达到对比

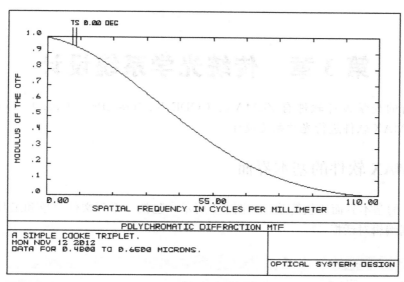

图 2-18　MTF 曲线图

度阈值相应的分辨率；②用传递函数曲线判断不同设计方案的优劣或用来指导进一步校正像差的方向；③对待特殊用途的光学系统，可简化采用若干指定空间频率的 MTF 值来表示系统的成像质量，所指定的频率称为特征频率。

　　按分辨率定义，当两像点合成光强分布曲线的对比度为 0.136 时，该两点仍能分辨。若目标为高对比，即目标光强分布对比度 $K=1$，则调制传递函数因子 $MTF=0.136$，在 MTF 曲线上，由 $MTF=0.136$ 所对应的空间频率 N_0 便是光学系统的极限分辨率。

　　传递函数反映不同空间频率的传递能力。图 2-19 中示出两个不同设计方案镜头的 MTF 曲线 1 和 2。这两条曲线的极限分辨率值都是 N_0，但在低频部分时，曲线 1 比曲线 2 的 MTF 值高，所以镜头 1 的像质优于镜头 2。由此可见，光学传递函数评价像质更加全面深入，它不仅给出一个分辨率值，还给出了不同频率的对比度传递值。

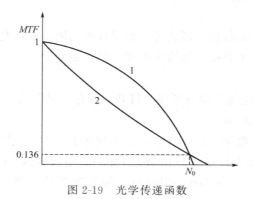

图 2-19　光学传递函数

第 3 章　传统光学系统设计

目前流行的光学设计软件有 ZEMAX、CODE V、TracePro、OSLO、LensVIEW 等，本书利用 ZEMAX 软件进行光学系统设计。

3.1　ZEMAX 软件的基本界面

ZEMAX 的基本界面比较简单，如图 3-1 所示，包括一系列文件菜单和工具按钮，以及一个镜头数据编辑对话框。

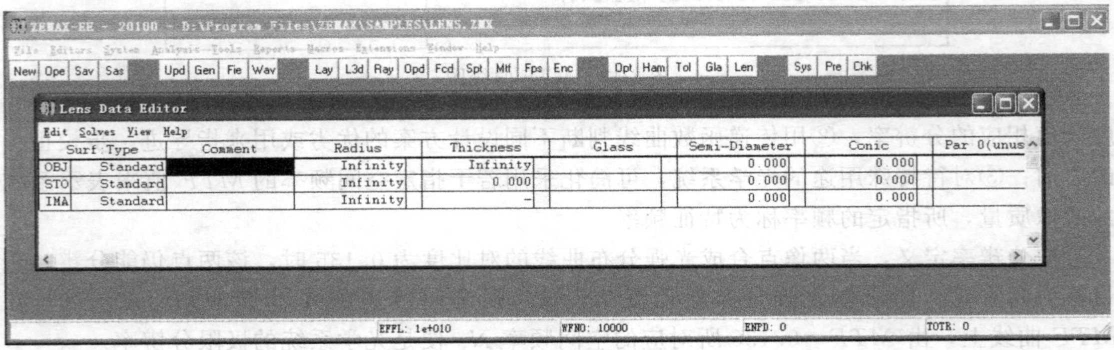

图 3-1　ZEMAX 的基本界面

ZEMAX 基本界面中有不同的窗口，各窗口有不同的用途，主要有：

① 主窗口　这个窗口有一个工作区和一个标题栏、一个菜单栏、一个工具栏；

② 编辑窗口　主要由透镜数据编辑窗口（LDE）、优化函数编辑窗口、复合构造编辑窗口等组成；

③ 图表窗口　用于显示数据、图表等，如设计布局图、扇形光线图等；

④ 文本窗口　显示文本数据，如边缘厚度、像差系数等。

（1）文件菜单

文件菜单的子项中常用的主要有新建、打开、保存、另存为、退出。

（2）编辑（Editors）菜单

编辑菜单下包括镜头数据（Lens Data）、优化函数（Merit Function）、多重数据结构（Multi-Configuration）、公差数据（Tolerance Data）、附加数据（Extra Data）等。

① 镜头数据编辑器（Lens Data Editor）　镜头数据编辑器（LDE）是一个电子表格（参见图 3-2），将镜头的主要数据填入就形成了镜头数据。这些数据包括系统中每一个面的曲率半径、厚度、玻璃材料。例如单透镜由两个面组成（前面和后面），物平面和像平面各需要一个面，这些数据可以直接输入到电子表格中。表格中每一列代表具有不同特性的数据，每一行表示一个光学面。

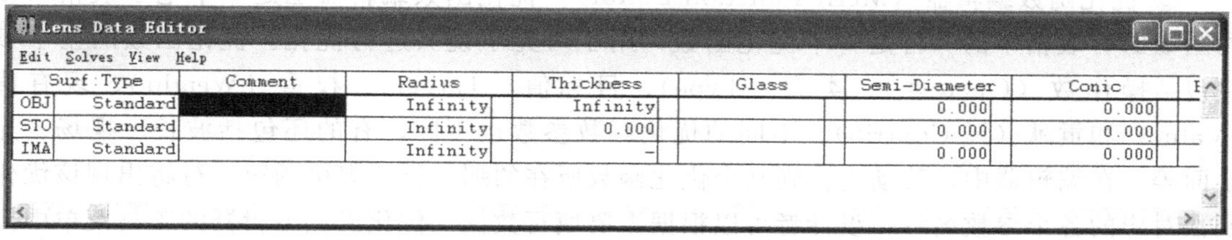

图 3-2　镜头数据编辑器界面

插入或删除面数据

在初始状态（除非镜头已给定）通常显示三个面，分别是 OBJ（物面）、STO（光瞳面）和 IMA（像面）。物面与像面是永有的，不能删除，其他面可以用键盘上的"Insert"和"Delete"键插入或删除。物平面前和像平面后不能插入任何面。ZEMAX 中的面序号是从物面，即第 0 面，到最后一个面（即像面）排列的。光线顺序地通过各个表面。

输入半径、厚度数据

若想在编辑器中输入或改变一个光学面的曲率半径和厚度，移动光标到相应的方格，然后从键盘输入。半径和厚度数据符合几何光学的符号规则，计量单位与透镜的计量单位相同，默认是毫米。

输入玻璃数据

每个面所用的玻璃材料由同一行的"Glass"栏确定。玻璃名称必须是当前已被加载的玻璃库中的玻璃名称之一。默认的玻璃库是"Schott"，其他玻璃库可以通过系统（System）→通用配置（General…）→玻璃库（Glass Catalogs）选用。如果要把某一个面设为反射面，这一面的玻璃应命名为"Mirror"。

输入半口径数据

半口径的缺省值是由软件通过追迹各个视场的光线，通过该光学面所需的通光半径自动获取的。用户可以自行输入数据，此时这个给定的数据旁将有一个"U"，表示此半口径数据是用户自定义的。

确定光阑面

要把一个光学面设为光阑面，可双击这个面的最左边一列（即面序号列），打开面属性对话框，在面型（Type）选项卡中勾选"产生面型光阑（Make Surface Stop）"，此时这个面显示的是"STO"，而不是面序号。

选择面型

ZEMAX 默认的面形是标准面型，即标准球面和平面。许多光学设计只适用标准面型。ZEMAX 也提供了多种其他面型，可以在面型选项卡中的一个下拉菜单中选择。许多曲面面型中有二次曲面数据，在选择了面型后，镜头数据编辑器中该光学面所在行的方格代表的参数类型会发生相应的变化，移动光标到所需的方格，输入新数值即可。在面属性对话框的口径（Aperture）选项卡中，还可以选择不同形状的通光口径类型。

求解

镜头数据编辑器对其中的半径、厚度、玻璃、半口径、二次曲线、参数数据提供了求解（Solves）方法，可以直接双击该数据，在弹出的求解对话框中选择，也可以从镜头数据编辑器的选项栏中选择。

② 优化函数编辑器（Merit Function Editor）　优化函数编辑器也是一个电子表格（参见图 3-3），表格中的一行是一个优化函数，用于对光学镜头进行优化。优化函数的基本参数包括操作数（Oper ♯）、类型（Type）、目标值（Target）、权重（Weight）、现有值（Value）和贡献（% Contrib）。不同的优化函数参数也不同，有的还包括波长、视场、光学面等。在编辑器中，移动光标到某个优化函数所在的那一行，表格的第一行将出现该优化函数对应的各个参数名称，设计者可以根据需要填写数据。优化函数编辑器的工具菜单中提供默认优化函数，设计者可以利用 ZEMAX 软件自带的默认优化函数对镜头进行优化，也可以在默认优化函数的基础上编辑所需的优化函数。

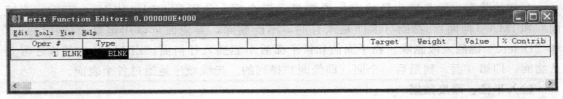

图 3-3　优化函数编辑器界面

镜头数据编辑器和优化函数编辑器是 ZEMAX 软件中最重要、也是最常用的两个编辑器，具体使用方法将通过设计实例讲解。

（3）系统（System）菜单

系统菜单包括以下各子项：更新、全部更新、通用配置、视场、光波长、下一重结构、最后结构等。

① 更新（Update）　这个选项只更新镜头数据编辑器和附加数据编辑器中的数据。更新功能用来重新计算一阶特性，如光瞳位置、半口径、折射率和求解值，只影响镜头数据编辑器和附加数据编辑器中的当前数据。

② 全部更新（Update All）　这个选项更新全部窗口以反映最新镜头数据。

③ 通用配置（General）　这个选项产生通用系统数据对话框，用来定义作为整个系统的镜头的公共数据，而不是与单个面有关的数据。镜头标题（Lens Title）、光圈类型（Aperture Type）、入瞳直径（Entrance Pupil Diameter）、像空间 F/♯（Image Space F/♯）、物空间数值孔径（Object Space Numerical Aperture）、物方锥形角（Object Cone Angle）、镜头单位（Lens Units）、玻璃库（Glass Catalogs）等系统参数，都是在通用配置对话框中设置的。

④ 视场（Fields）　视场对话框允许确定视场点。视场可以用角度、物高（有限共轭系统）或像高来确定。

⑤ 光波长（Wavelength）　波长对话框用于设置波长、权重因子和主波长。

⑥ 下一重结构（Next Configuration）　当要更新所有的图表以便反映下一个结构（或变焦位置）时，本菜单选项提供了快捷方式。若选中，所有的电子表格、文本和图解数据都将被更新。

⑦ 最后结构（Last Configuration）　当要更新所有的图表以便反映最后一个结构（或变焦位置）时，本菜单选项提供了快捷方式。若选中，所有的电子表格、文本和图解数据都将被更新。

（4）分析（Analysis）菜单

分析菜单下包括 ZEMAX 的各种分析功能、输出分析镜头数据的曲线和文本。不同版本的 ZEMAX 软件提供的分析功能略有差异，但对于初学者来说，常用的分析功能都是类似的，列在表 3-1 中。

表 3-1　ZEMAX 分析功能

草图（Layout）	2D 草图（2D Layout） 3D 草图（3D Layout） 线框图（Wireframe） 实体模型（Solid Model） 渲染模型（Shaded Model） 零件图（Element drawing）
特性曲线（Fans）	光线像差（Ray Aberration） 光路（Optical Path） 光瞳像差（Pupil Aberration）
点列图（Spot Diag.）	标准（Standard） 离焦（Thru Focus） 全视场（Full Field） 矩阵（Matrix）
调制传递函数（MTF）	调制传递函数（MTF） 离焦 MTF（Through Focus MTF） MTF 曲面（Surface MTF） 几何 MTF（GTF） 几何离焦 MTF（Through Focus GTF）
点扩散函数（PSF）	快速傅立叶变换 PSF（FFT PSF） 惠更斯 PSF（Huygens PSF） FFT 横截面 PSF（FFT PSF Cross Sec.）
波前（Wavefront）	波前图（Wavefront Map） 干涉图（Interferogram）
均方根（RMS）	RMS 视场（RMS Field） RMS 焦点（RMS Focus）
圈入能量（Encircled Energy）	衍射（Diffraction） 几何（Geometric） 线/边缘响应（Line/Edge Response）
照度（Illumination）	相对照度（Relative Illumination） 像分析（Image Analysis） 渐晕图（Vignetting Plot） XY 照度扫描（Illumination XY Scan） 2D 照度曲面（Illumination 2D Surface）
杂项（Miscellaneous）	场曲/畸变（Field Curve/Dist.） 网格畸变（Grid Dist.） 纵向像差（Long. Aber.） 横向色差（Lateral Color） Y-Y Bar 图（Y-Y Bar） 焦点色偏移（Chromatic Focal Shift） 散射图表（Dispersion Diagram） 玻璃图表（Glass Map） 内部透过率与波长（Int. Trans. vs. Wavelength）

计算（Calculations）	光线追迹（Ray Trace） 高斯光束（Gaussian Beam） 塞得尔系数（Seidel Coeff.） 泽尼克系数（Zernike Coeff.） YNI 贡献（YNI Contrib.） 失高表（Sag Table）
梯度折射率（Gradient Index）	
偏振（Polarization）	
镀膜（Coatings）	

（5）工具（Tools）菜单

工具菜单是 ZEMAX 软件的一个最为重要的模块，包括优化、公差、样板、目录、镀膜、散射、光圈、折叠反射镜、导出数据和杂项等选项。

优化（Optimization）：优化的目的是提高或改进设计使它满足设计要求。常用的功能有全局优化（Global Search）、锤形优化（Hammer Optimization）、评价函数列表（Merit Function Listing）、移除所有变量（Remove All Variable）。

公差（Tolerancing）：即容许的误差。可以生成公差列表（Tolerance Listing）和公差汇总表（Tolerance Summary）。

样板（Test Plates）：按厂家提供的样板表自动套半径样板。

玻璃库（Glass Catalogs）：提供玻璃库和玻璃的详细参数。

镜头库（Lens Catalogs）：从镜头库中搜索或浏览特定的镜头。

镀膜（Coatings）：编辑镀膜文件，给光学面添加膜层参数，产生镀膜列表。

反向排列零件（Reverse Elements）：将镜头元件或镜头组反向排列，可以选择被倒置的镜头的第一面和最后一面。

镜头缩放（Scale Lens）：用确定的比例因子缩放整个镜头，常用于初始结构设计时，将现有的设计缩放成一个新的满足焦距要求的设计。

生成焦距（Make Focal）：直接输入所需的焦距，对整个镜头进行缩放。

快速调焦（Quick Focus）：通过调整后截距，对光学系统快速调焦。

添加折叠反射镜（Add Fold Mirror）：快速插入一个转折反射镜。

输出 IGES 文件（Export IGES File）：通过多种选项，以 IGES 文件格式输出当前镜头数据。

（6）报告（Reports）菜单

报告菜单可以输出文本报告，如曲面数据（Surface Data）、系统数据（System Data）、规格数据（Prescription Data）等；也可以输出图解报告。

（7）宏指令（Macros）菜单

宏指令菜单下包括编辑/运行 ZPL 宏（Edit/Run ZPL Macros）、更新宏指令列表（Refresh Macro List）和在默认的宏指令目录下所有的 ZPL 宏指令名。

（8）外部扩展（Extensions）菜单

外部扩展菜单下包括外部扩展指令（Extensions）和更新外部扩展列表（Refresh Extensions List）。

（9）窗口（Windows）菜单

窗口菜单下显示了目前打开的窗口。

（10）帮助菜单

查看软件信息、帮助（Help）、指南（Tutorial）和操作手册（Manual）等。

3.2　单透镜设计

以一个单透镜的设计为例，讲述使用 ZEMAX 软件进行光学设计的基本方法。

（1）设计规格

有效焦距 400mm，$F/10$。

最大视场角：5°。

工作波长：0.587μm。

采用 BK7 玻璃，折射率为 1.5168。

双凸透镜结构（参见图 3-4）。

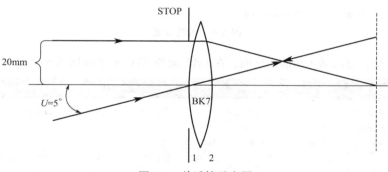

图 3-4　单透镜示意图

（2）确定初始结构

根据有效焦距为 400mm，F 数为 10，可以知道该透镜的入瞳直径为 40mm。

假设该单透镜是一个理想薄透镜，且两个表面的曲率半径大小相等，即 $r_1 = -r_2$。根据薄透镜的焦距公式

$$f' = \frac{1}{(n-1)\left(\dfrac{1}{r_1} - \dfrac{1}{r_2}\right)}$$

可以计算得到 $r_1 = 413.44$mm，$r_2 = -413.44$mm。

（3）设计步骤

在 ZEMAX 软件中新建一个镜头设计文件。

① 在 Gen→Aperture 中设入瞳直径为 40mm，在 Fie 中选视场类型为角度，Y 视场角分别为 0、3.5、5，在 Wav 中设置波长为 0.587μm（图 3-5）。一般设计中，视场角选择 0°（轴上）、0.7 倍最大视场角、最大视场角。如果所设计的光学系统视场较大，或者对设计质量要求较高，可以增加视场角的数目（参见图 3-6）。

② 在镜头数据编辑表中，默认有三行数据，分别是 OBJ、STO、IMA 面，即物面、光阑面、

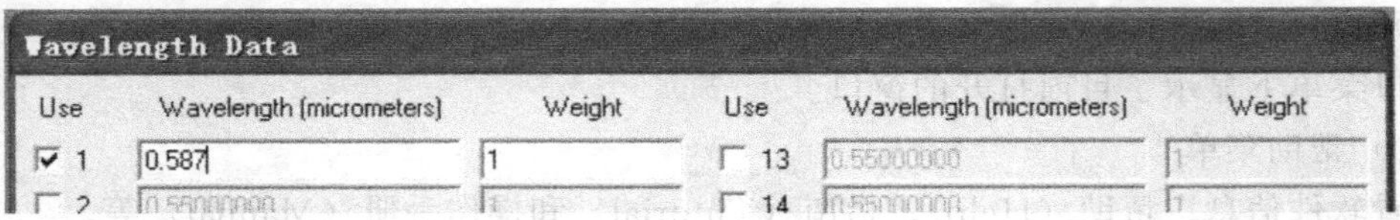

图 3-5　波长设置

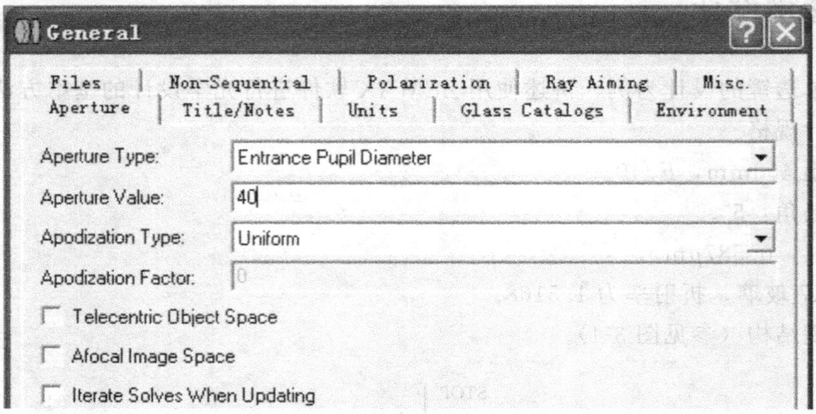

图 3-6　入瞳设置

像面。按 Insert 键，可以插入新的光学面。在 IMA 面与 STO 面之间插入一个面，参见图 3-7。

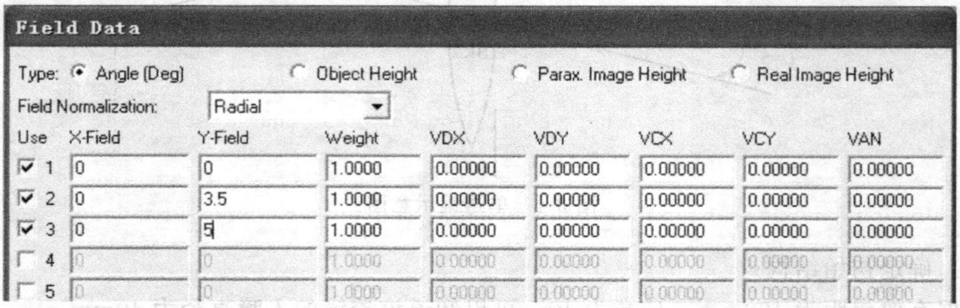

图 3-7　视场设置

③ 将第 1 面的 Radius 设为 413.44，Thickness 设为 4，Glass 设为 BK7，将第 2 面的 Radius 设为－413.44，此时的镜头数据器如图 3-8 所示。在 ZEMAX 软件最下方，可以看到此时系统的有效焦距 EFFL 为 400.642mm，与理想设计有偏离，这是因为设计的透镜是有一定厚度的，并不是理想的薄透镜。

④ 点击 Lay，可以看到设计的透镜二维结构图，如图 3-9 所示。

⑤ 双击第 2 面的 Thickness，在求解类型中选择"Marginal Ray Height"，Height 设为 0，Pupil Zone 设为 0，此时在第 2 面 Thickness 栏多了一个"M"标签，ZEMAX 软件将自动计算出理想像平面到第 2 面的距离。在 Layout 窗口双击以更新绘图。将文件保存为"SING1o1b. zmx"。

⑥ 双击第 2 面的 Radius，求解类型选择 F 数"F Number"，$F/\sharp$ 设为 10，此时在第 2 面的 Radius 栏多了一个"F"标签。ZEMAX 软件将自动调节第 2 面的曲率半径，使 F 数为 10，而已经设置了入瞳直径为 40mm，因此此时 EFFL 恰好为 400mm，将文件保存为

Surf:Type		Comment	Radius	Thickness	Glass	Semi-Diameter
OBJ	Standard		Infinity	Infinity		Infinity
STO	Standard		413.440	4.000	BK7	20.043
2	Standard		-413.440	0.000		20.166
IMA	Standard		Infinity	-		20.184

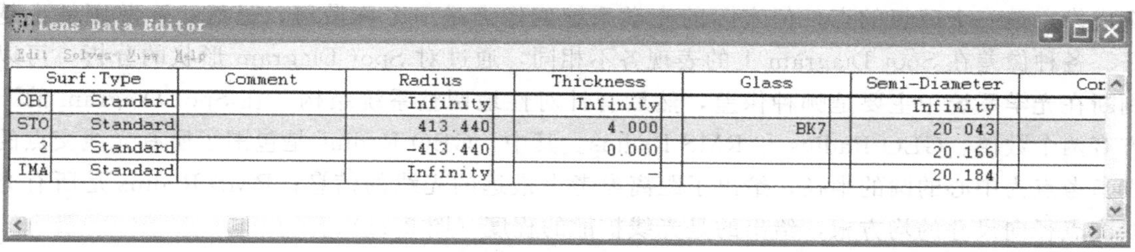

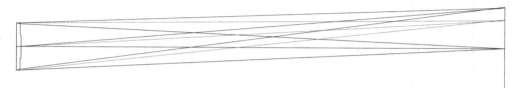

图 3-8　LDE 设置

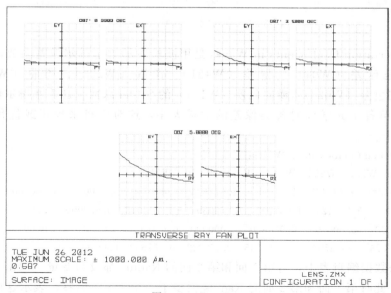

图 3-9　单透镜二维结构图

“SING1o1a. zmx”。

⑦ 从分析（Analysis）菜单中打开 Ray Fan、Spot Diagram、Seidel Coefficients 窗口，查看像差情况。

Ray Fan 是把横向（transverse）的光线像差对光瞳坐标作图，绘图的数据是光线坐标和主光线坐标之差。绘制 y 分量时，曲线标称为 EY，绘制 x 分量时，曲线标称为 EX，曲线图的横坐标是归一化的入瞳坐标 PX 和 PY。若显示所有波长，则曲线数据参考主波长的主光线；若只显示单色光，则曲线数据参照被选择的波长的主光线。因此，在单色光和多色光切换时，非主波长的数据通常会改变（参见图 3-10）。

图 3-10　Ray Fan

Spot Diagram 即点列图，绘制的是物方的点通过光学系统以后，在 IMA 面上的实际成像情况。它以主光线为参考，即假定主光线是零像差点。如果光学系统是理想光学系统，那么成像点是一个理想的点，但实际的光学系统成像点是一个弥散斑。显然，弥散斑越小越好。各种像差在 Spot Diagram 上的表现各不相同，通过对 Spot Diagram 形状的分析，可以判断在光学系统中主要是哪种像差，然后有针对性地调整系统结构。在 Spot Diagram 的下方有两个数值：GEO Radius 和 RMS Radius。其中，GEO Radius 是包围了所有光线交点的以参考点为中心的圆的半径，给出了距离参考点最远的光线的信息；RMS Radius 是所有光线交点径向尺寸的均方根，给出的是光线扩散的程度（图 3-11）。

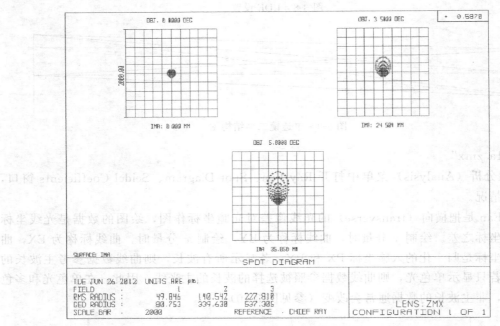

图 3-11　点列图（Spot Diagram）

Seidel Aberration Coefficients in Waves 是用波长表示的塞得尔像差系数，分析报告中依次给出的是球差（W040）、彗差（W131）、像散（W222）、场曲（W220）、畸变（W311）、轴向色差（W020）、横向色差（W111）的 Seidel 系数。计算塞得尔像差系数的作用和目的是了解各个光学面对各类像差的贡献大小，这对于将来校正或优化镜头结构有帮助。

Seidel Aberration Coefficients in Waves：

Surf	W040	W131	W222	W220	W311	W020	W111
STO	0.108300	0.783467	1.416952	1.074633	6.449740	0.000000	0.000000
2	1.607473	−5.663124	4.987793	1.078089	−6.292048	0.000000	0.000000
IMA	0.000000	0.000000	0.000000	0.000000	0.000000	0.000000	0.000000
TOT	1.715773	−4.879657	6.404745	2.152722	0.157692	0.000000	0.000000

⑧ 在镜头数据编辑表中，将第 1 面和第 2 面的 Radius 都设为变量（双击，求解类型设为 Variable），此时第 1 面和第 2 面的 Radius 栏多了一个"V"标签，表示这两个数据为优化时的可变量。

ZEMAX 软件可以设置不同的优化函数，对光学系统的各项性能进行优化。按 F6 键打开优化函数编辑表，按 Insert 键在表中插入多个空行，如下表设置操作数。"EFFL"一行表示优化的目标是使有效焦距为 400mm，此项指标的权重系数为 1；"SPHA"一行表示优化的目标是使球差降为 0，此项指标的权重系数为 1。权重系数（Weight）可以填 0～1 之间的数值。权重系数为 0 的优化函数不参与评价。

Oper #	Target	Weight
EFFL	400	1
SPHA	0	1

执行 OPT 优化。将文件保存为"SING1o2a. zmx"。

优化后，球差的 Seidel 系数从 1.715λ 降到了 1.086λ。当然，由于透镜面型发生了变化，其他像差值也随之变化。

Seidel Aberration Coefficients in Waves：

Surf	W040	W131	W222	W220P	W311	W020	W111
STO	0.567876	2.364678	2.461675	1.866963	6.449740	−0.000000	−0.000000
2	0.518074	−2.884189	4.014168	0.283782	−6.376782	0.000000	−0.000000
IMA	0.000000	0.000000	0.000000	0.000000	0.000000	0.000000	0.000000
TOT	1.085950	−0.519511	6.475843	2.150746	0.072957	0.000000	0.000000

⑨ 回到"SING1o1a. zmx"，将第 1 面和第 2 面的 Radius 都设为变量，如下表设置操作数，执行 OPT 优化，减小彗差。

Oper #	Target	Weight
EFFL	400	1
COMA	0	1

优化后，彗差的 Seidel 系数从 −4.88λ 降到了 0。

将文件保存为"SING1o3a. zmx"。

Seidel Aberration Coefficients in Waves：

Surf	W040	W131	W222	W220P	W311	W020	W111
STO	0.658100	2.608943	2.585693	1.961020	6.449740	−0.000000	−0.000000
2	0.436639	−2.608943	3.897142	0.189287	−6.386907	0.000000	−0.000000
IMA	0.000000	0.000000	0.000000	0.000000	0.000000	0.000000	0.000000
TOT	1.094740	−0.000000	6.482835	2.150307	0.062833	0.000000	0.000000

⑩ 回到"SING1o1a. zmx"，将第 1 面和第 2 面的 Radius 都设为变量，如下表设置操作数，执行 OPT 优化，减小像散。

Oper #	Target	Weight
EFFL	400	1
ASTI	0	1

优化后，初级像散的 Seidel 系数从 6.40λ 降到了 0，但是球差增大到 325λ，彗差增大到

−68λ，透镜无法使用。将文件保存为"SING1o4a.zmx"。

Seidel Aberration Coefficients in Waves：

Surf	W040	W131	W222	W220P	W311	W020	W111
STO	−313.970421	159.292608	−20.204240	−15.323133	6.449740	0.000000	−0.000000
2	639.492944	−227.336481	20.204240	16.687891	−4.761856	0.000000	−0.000000
IMA	0.000000	0.000000	0.000000	0.000000	0.000000	0.000000	0.000000
TOT	325.522524	−68.043873	0.000000	1.364757	1.687883	0.000000	0.000000

⑪ 在实际设计中，必须综合考虑各种像差值，往往采用另一种方法对镜头进行优化。

回到"SING1o1a.zmx"，将视场设为仅有 0 度视场，将第 1 面和第 2 面的 Radius 都设为变量。在优化函数表中加入 EFFL 操作数，Target 为 400，Weight 为 1。鼠标选择优化函数表中 EFFL 下方的 BLNK 行，从工具菜单载入默认优化函数，如图 3-12，选择 RMS/Spot Radius / Centroid，并在边缘厚度（Thickness Boundary Values）中限制玻璃最小中心厚度（Min）为 3，最大中心厚度（Max）为 10，最小边缘厚度（Edge）为 2。此操作将在 EFFL 之后加入一系列的操作数。OPT 优化后，球差的 Seidel 系数从 1.715λ 降到了 1.086λ。

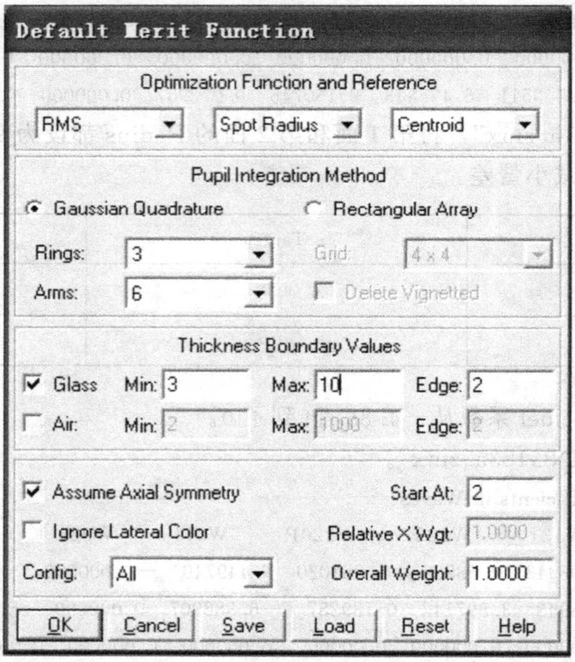

图 3-12 默认优化函数设置

⑫ 恢复 3.5°和 5°视场，重新载入默认优化函数，对全部视场进行优化（图 3-13、图 3-14）。优化的结果是球差和彗差减小，像散基本不变。将文件保存为"SING1o1b.zmx"。

Seidel Aberration Coefficients in Waves：

Surf	W040	W131	W222	W220	W311	W020	W111
STO	0.550415	2.315955	2.436182	1.847629	6.449740	0.000000	0.000000
2	0.531424	−2.905194	3.970533	0.305873	−6.262606	0.000000	0.000000
IMA	0.000000	0.000000	0.000000	0.000000	0.000000	0.000000	0.000000
TOT	1.081840	−0.589239	6.406715	2.153502	0.187134	0.000000	0.000000

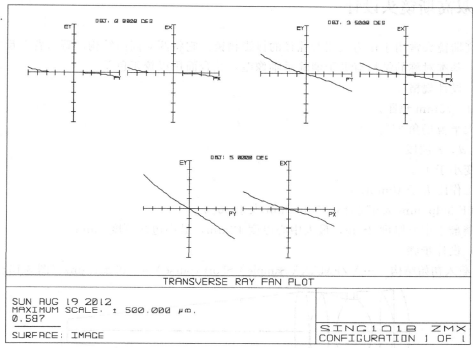

图 3-13　优化后的 Ray Fan

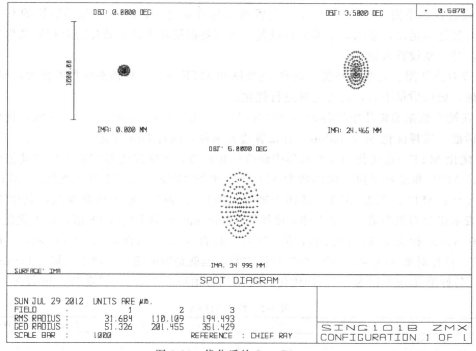

图 3-14　优化后的 Spot Diagram

3.3　双高斯镜头设计

双高斯镜头常用于作为大相对孔径的摄影物镜。它将两对高斯结构"背对背"反方向组合而成。基本对称的结构有助于消除垂轴像差，胶合面用以校正色差。

（1）设计规格

$F/3$，75mm 焦距。

最大半视场角 21°。

F，d，c 波段。

畸变小于 1%。

后工作距大于 40mm。

MTF 30lp/mm 大于 40%，50lp/mm 大于 30%。

玻璃最小中心厚度 2mm，最大中心厚度 12mm，最小边缘厚度 2mm。

（2）设计步骤

① 载入初始结构　　…\ ZEMAX \ Sample \ Short course \ sc_dbga1.zmx（图 3-15）。

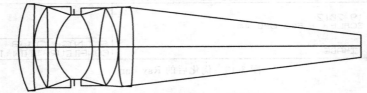

图 3-15　双高斯镜头初始结构图

② 设置视场角为 0°、14.7°、21°；设置波长为可见光 F、d、c。初始结构的有效焦距和入瞳直径已满足设计要求，不需另行设置，否则要根据要求的有效焦距对初始结构进行整体缩放，并重新设置入瞳直径。

③ 查看点列图、光线像差图、场曲/畸变图和 MTF 曲线，该镜头的像差很大，MTF 曲线不理想，成像质量不高，需要对其进行优化。

④ 在镜头数据编辑器中将各光学面的 Radius、Thickness 设为变量。打开默认优化函数设置对话框，选择优化 Spot radius，并设置边界条件，执行 Opt 优化。

⑤ 优化 MTF　在优化函数编辑器中修改优化函数，删除除边界控制以外的其他优化函数。优化 MTF 曲线要用到的操作数为 MTFA（平均 MTF，适用于轴上光线）、MTFT 和 MTFS（子午 MTF、弧矢 MTF，适用于轴外光线）。按表 3-2 输入优化参数，其中 MTFA 所在行表示优化对象为第 1 视场（即 0 度视场）30lp/mm 处的平均 MTF 值，双击优化函数编辑器，在 Value 栏会显示当前的数值；OPGT 的含义是"操作数大于（Operator Greater Than）"，操作对象（Op#）为第"8"号操作数，也就是刚刚输入的第 1 视场 30lp/mm 处的 MTFA，目标值 Target 设为 0.4，即优化后的 MTFA 值应大于 0.4，权重 Weight 设为 1。

表 3-2　优化 MTFA

Oper #	Type	Samp	Wave	Field	Freq	Target	Weight
8 MTFA	MTFA	1	0	1	30		
9 OPGT	OPGT	1				0.4	1

⑥ 在评价函数编辑器中继续输入优化参数，优化目标是第 1 视场 30lp/mm 的 MTFA 大于 0.4，50lp/mm 的 MTFA 大于 0.3；第 2、3 视场 30lp/mm 的 MTFT、MTFS 大于 0.4，50lp/mm 的 MTFT、MTFS 大于 0.3。

⑦ 再次执行 Opt 优化。

⑧ 在镜头数据编辑器中将 Glass 的求解类型设为 Substitute，执行 Ham 锤优化，可以对玻璃材料进行优化。材料优化通常需要的时间较长，当优化结果已经满足设计要求时，可手动停止优化。一种可能的优化结果如图 3-16。

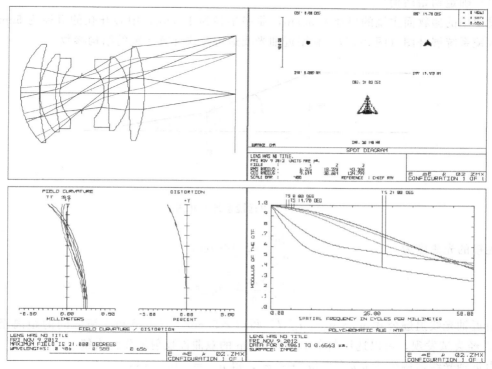

图 3-16　双高斯镜头优化结果

3.4　望远镜系统设计

望远镜是一种用于观察远距离物体的目视光学仪器，能把远物很小的张角按一定倍率放大，使之在像空间具有较大的张角，使本来无法直接由肉眼分辨的物体变得清晰可辨。

普通望远镜按构造来分类，可以分为折射望远镜、反射望远镜和折反射望远镜三大类。

折射望远镜的物镜由透镜或透镜组构成，分为伽利略结构和开普勒结构两类。伽利略望远镜的目镜是凹透镜，能直接成正立的像，但是视场较小；开普勒望远镜的目镜和物镜都是凸透镜，有中间实像面，可以安装分化板用于瞄准或测量，但是所成的像是倒立的，需要转像系统加以校正。

反射望远镜最早由牛顿发明，其物镜是凹面反射镜，有牛顿望远镜、卡塞格林望远镜等几种类型。反射望远镜没有色差，镜筒较短，而且易于制造更大的口径，因此现代大型天文望远镜基本都是反射结构。

折反射望远镜的物镜是由折射镜和反射镜组合而成，通常主镜是球面反射镜，副镜是折射元件。这种结构便于校正轴外像差，视场大，光力强，特别适合于对流星、彗星、星云的观测和大范围的巡天照相。应用最为广泛的有施密特望远镜、施密特-卡塞格林望远镜和马克苏托夫望远镜等。

本项目设计的是反射望远镜中的卡塞格林望远镜。主镜是抛物面反射镜，次镜是双曲面的反射镜，光线被主镜和次镜反射后穿过主镜中心的孔洞。

（1）确定初始结构

设使用的抛物面主镜的口径为 30cm，曲率半径为 120cm，中心开孔的直径为 5cm。画出望远镜系统展开图（图 3-17），利用近轴光线追迹公式计算次镜的结构参数。

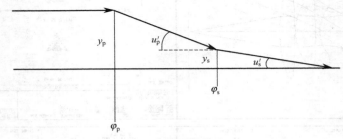

图 3-17 望远镜系统展开图

主镜的光焦度为
$$\varphi_p = \frac{2n}{R_p} = 0.01667 \text{cm}^{-1}$$

$$u_p' = \frac{y_p \varphi_p}{n'} = 0.25$$

由近轴光线追迹公式 $y_s = y_p - u_p' d$，得 $d = 50 \text{cm}$。即主镜和次镜之间的距离至少为 50cm。经尝试发现，可以选用曲率半径为 24cm 的双曲面反射镜作为次镜。

由近轴光线追迹公式 $n'u_s' = nu_s + y_s \varphi_s$，得 $u_s' = -0.04168$。

$$BFD = -\frac{y_s}{u_s'} = 60 \text{cm}$$

该系统的有效焦距
$$EFD = -\frac{y_p}{u_s'} = 360 \text{cm}$$

卡塞格林望远镜的主镜是抛物面镜，Conic 常数为 -1；次镜是双曲面镜，Conic 常数可用下列公式计算：

$$K = \frac{A^2 \Delta \left(\dfrac{u}{n} \right)}{C^3 y^3 \Delta(n)}$$

其中
$$A = n'(u + yC)$$

$$\Delta \left(\frac{u}{n} \right) = \frac{u'}{n'} - \frac{u}{n}$$

$$\Delta(n) = n' - n$$

$$C = \varphi/2n$$

该设计中次镜的 Conic 常数为-1.96。

（2）ZEMAX 设计

① 在 ZEMAX 软件中设置视场为 0°，可见光波段，入瞳直径 300mm，在镜头数据编辑器中按表 3-3 填入数据。

表 3-3　卡塞格林望远镜结构参数

Surf:Type		Radius	Thickness	Glass	Semi-Diameter	Conic
OBJ	Standard	Infinity	Infinity		0	0
STO*	Standard	-1200	-500	MIRROR	1500	-1
2	Standard	-240	600	MIRROR	25	-1.96
IMA	Standard	Infinity				

② 双击第 1 面的面型，在弹出的对话框中将光瞳类型设为环形光瞳，最小半径为 25mm，最大半径为 150mm。

③

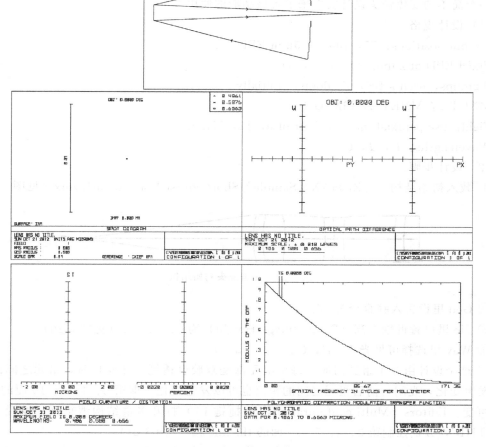

图 3-18　望远镜设计结果

3.5　变焦镜头设计

　　变焦距系统是利用改变透镜或透镜组之间的间隔来实现的。在移动透镜组改变焦距时，总是要伴随着像面的移动，因此，要对像面的移动进行补偿。补偿方法主要有机械补偿法和光学补偿法。机械补偿法是通过补偿透镜组做少量的移动，补偿像面位移。补偿透镜组的移动与变倍透镜组的移动方向不同且不等速，需要凸轮机构带动光组移动。而光学补偿法用几组透镜作变倍和补偿时，各透镜组的移动同向等速，只需用简单的机构把各透镜组连在一起即可，但这种镜头变倍比小，与定焦镜头相比，像质也较差。随着精密凸轮加工工艺的完善，越来越多的镜头采用机械补偿结构。

　　典型的变焦镜头可以分为固定组、变倍组和补偿组。随着计算机辅助设计技术的普及以及多层镀膜技术的开发和广泛使用，采用新型材料和非球面技术，并利用高精度数控技术加工变焦镜头中的复杂凸轮机构，多镜组全动型变焦镜头可以有二组、三组、四组、五组等多种形式。变焦镜头在提高变焦比、改善成像质量和小型轻量化方面取得了显著的进展。

　　变焦镜头的结构形式有很多，可根据具体的用途来考虑和设计。

　　用 ZEMAX 软件设计变焦镜头，需要用到多重结构（Multi-configurations）功能。下面通过一个简单的变焦镜头设计实例来了解该功能的使用。

　　（1）设计规格

3 zoom positions：75，100，125mm EFL

Fixed EPD of 25mm（$F/3$，4，5）

3 groups，each a BK7/F2 doublet initially

MNCT 2，MNET 2，MXCG 10

Field：use paraxial image height of 0，12，17mm

Wavelengths：F，d，C

　　（2）设计步骤

　　① 载入初始结构… \ ZEMAX \ Sample \ Short course \ sc _ zoom1. zmx（见图 3-19）。

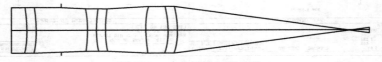

图 3-19　变焦镜头初始结构

　　② Gen 里设置入瞳直径为 25。

　　③ Fie 里设置近轴像高（Parax. Image Height）为 0、12、17（见图 3-20）。

　　④ Wav 里选择可见光 F，d，C。

　　⑤ 这个设计由 3 个组员构成，每个组元都是双胶合透镜。在变焦时，组元之间的距离可以发生变化，光阑与前后组元之间的距离也可以发生变化，即第 3、4、7、10 面的 thickness 可变。Editors→Multi-configurations（快捷键 F7）打开多重结构编辑器，设置 4 个操作数 THIC，分别控制第 3、4、7、10 面的 thickness（见图 3-21）。

　　⑥ 在多重结构编辑器中，按 Ctrl＋Shift＋Insert 插入结构，共有 3 个结构（见图 3-22）。

Use	X-Field	Y-Field	Weight	VDX	VDY	VCX	VCY	VAN
☑ 1	0	0	1.0000	0.00000	0.00000	0.00000	0.00000	0.00000
☑ 2	0	12	1.0000	0.00000	0.00000	0.00000	0.00000	0.00000
☑ 3	0	17	1.0000	0.00000	0.00000	0.00000	0.00000	0.00000
☐ 4	0	0	1.0000	0.00000	0.00000	0.00000	0.00000	0.00000

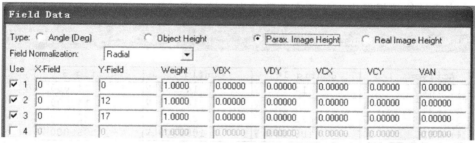

图 3-20　视场设置

图 3-21　多重结构操作数

Active : 1/3		Config 1*	Config 2	Config 3
1: THIC	3	14.000	14.000	14.000
2: THIC	4	14.000	14.000	14.000
3: THIC	7	22.000	22.000	22.000
4: THIC	10	105.000	105.000	105.000

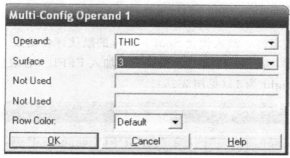

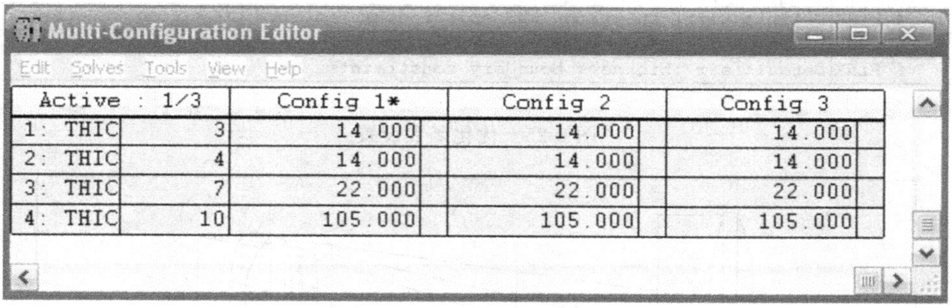

图 3-22　多重结构编辑器

⑦ 在镜头数据编辑器中将第 1 到第 10 面的 semi-diameter 求解类型设为 Maximum。

⑧ 在镜头数据编辑器中将第 1 到第 10 面的 radius 和 thickness 设为变量（STO 面的 radius 除外），设置好的镜头数据编辑器如图 3-23 所示。

Surf:Type		Comment	Radius		Thickness		Glass	Semi-Diameter		Conic	Par
OBJ	Standard		Infinity		Infinity			Infinity		0.000	
1	Standard		-187.801	V	8.000	V	BK7	16.411	M	0.000	
2	Standard		-98.235	V	5.000	V	F2	15.806	M	0.000	
3	Standard		-98.235	V	14.000	V		15.480	M	0.000	
STO	Standard		Infinity		14.000	V		12.350	M	0.000	
5	Standard		-178.896	V	5.000	V	BK7	14.237	M	0.000	
6	Standard		120.820	V	5.000	V	F2	15.017	M	0.000	
7	Standard		120.820	V	22.000	V		15.545	M	0.000	
8	Standard		130.502	V	12.000	V	BK7	21.427	M	0.000	
9	Standard		-53.285	V	5.000	V	F2	22.011	M	0.000	
10	Standard		-53.285	V	105.000	V		22.613	M	0.000	
IMA	Standard		Infinity		-			17.922	M	0.000	

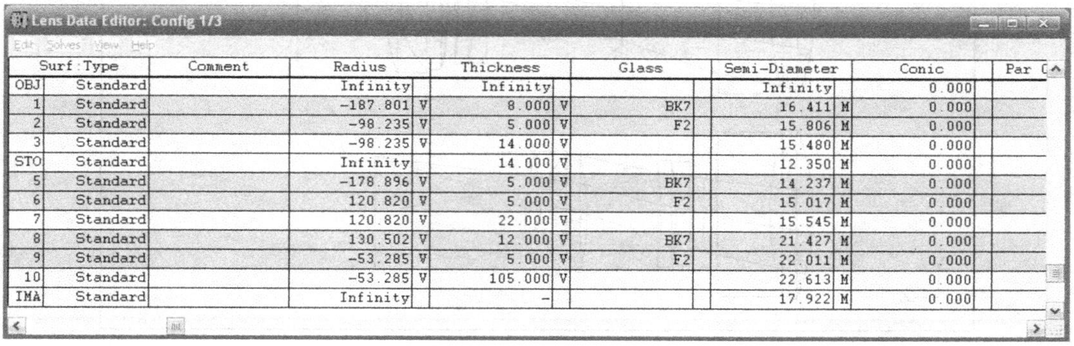

图 3-23　LDE 设置

⑨ 在多重结构编辑器中，将所有参数设为变量（图 3-24）。

Multi-Configuration Editor						
Edit Solves Tools View Help						
Active : 1/3		Config 1*		Config 2		Config 3
1: THIC	3	14.000 V	14.000 V	14.000 V
2: THIC	4	14.000 V	14.000 V	14.000 V
3: THIC	7	22.000 V	22.000 V	22.000 V
4: THIC	10	105.000 V	105.000 V	105.000 V

图 3-24 多重结构编辑器设置

⑩ 打开优化函数编辑器，载入优化 Spot radius 的默认评价函数。

⑪ 在优化函数表中，找到 CONF 1，在其下方加入 EFFL（有效焦距）操作数，目标值 Target 为 75，权重 Weight 为 1（见图 3-25）。

Merit Function Editor: 5.363221E-001								
Edit Tools View Help								
Oper #		Wave				Target	Weight	Value	% Contrib
1 CONF	1								
2 EFFL		2				75.000	1.000	0.000	0.000
3 DMFS									
4 BLNK	Default merit function: RMS spot radius centroid GQ 3 rings 6 arms								
5 CONF	1								
6 BLNK	Default air thickness boundary constraints.								

图 3-25 优化函数设置

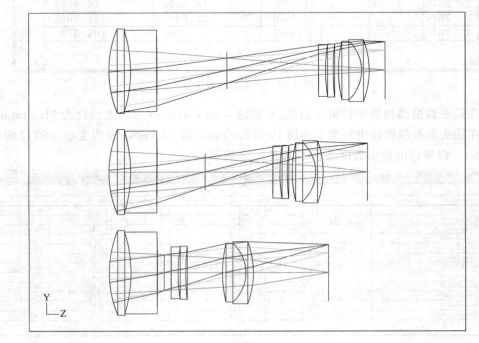

图 3-26 变焦镜头 3D Layout

⑫ CONF 2 中，加入 EFFL 操作数，Target 为 100，Weight 为 1。

⑬ CONF 3 中，加入 EFFL 操作数，Target 为 125，Weight 为 1。

⑭ 执行 Opt 优化。

⑮ 在镜头数据编辑器中按 Ctrl＋A，可以在不同结构之间切换。编辑器最上方的"Config 1/3"表示当前显示的是 3 种结构中的第一种。

⑯ L3d 查看镜头结构图，设置 Config All，y 方向偏移 60，可以同时观察不同的镜头结构（图 3-26）。

3.6　离轴系统设计

在光学设计中，常常会遇到需要使用离轴元件的情况。在 ZEMAX 里设置离轴元件，可以直接在面属性对话框里设置 Tilt/Decenter，也可以通过使用 Coordinate Break 面型实现。这里通过两个实例，简要说明使用 ZEMAX 软件设计离轴系统的方法。

（1）棱镜设计实例（见表 3-4）

① Gen 里入瞳直径设为 5。

② 面数据表里插入 2 个面，第 1 面为 STO，Thickness 为 20，第 2 面 Thickness 为 10，Glass 为 ZF6，第 3 面 Thickness 为 20，Radius 均为 Infinity。

表 3-4　棱镜初始结构参数

Surf:Type		Radius	Thickness	Glass
OBJ	Standard	Infinity	Infinity	
STO	Standard	Infinity	20	
2	Standard	Infinity	10	ZF6
3	Standard	Infinity	20	
IMA	Standard	Infinity		

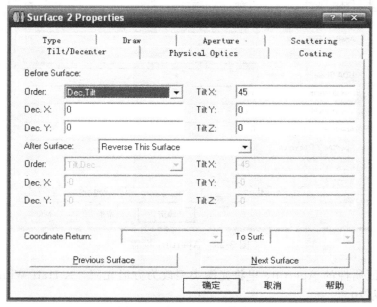

图 3-27　Tilt/Decenter 设置

③ 第 2 面属性里 Tilt / Decenter 里设 Tilt X 为 45°，后曲面 Reverse this surface。这个设置使第 2 面绕 x 轴倾斜了 45°，而其后的第 3 面又恢复了初始的坐标系统方向。在 3D Layout 中可以看到现在的光学元件形状，图中左下方的坐标轴表明了 ZEMAX 默认的坐标设置（图 3-27、图 3-28）。

图 3-28　棱镜 3D Layout

④ 将圆柱形玻璃切割成棱镜。在第 2 面属性的 Aperture 里将光圈类型改为方形光圈（Rectangular Aperture），X-Half Width 设为 10，Y-Half Width 设为 14（图 3-29）。

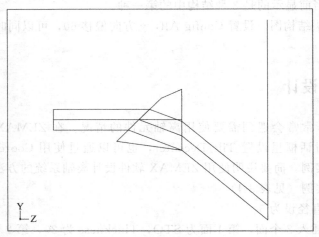

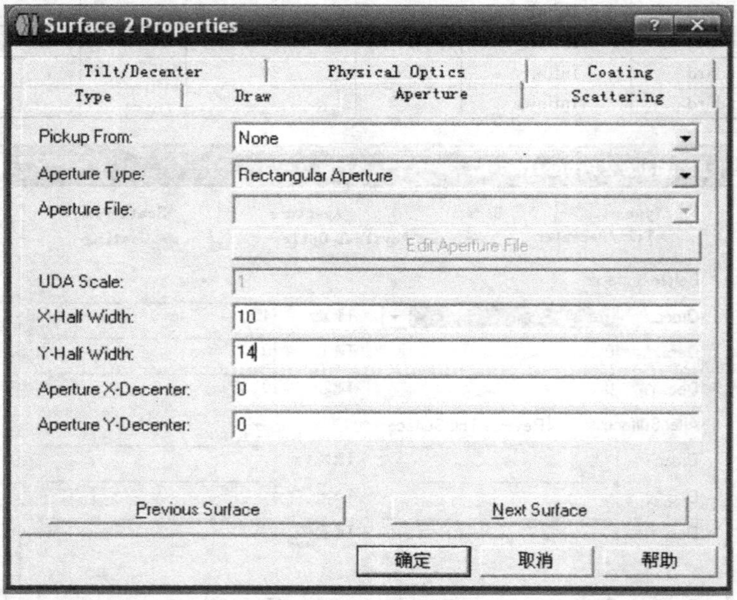

图 3-29　Aperture 设置

⑤ 在第 3 面属性的 Aperture 里将光圈类型改为方形光圈，X-Half Width 设为 10，Y-Half Width 设为 10。

⑥ 3D Layout 里查看棱镜框图（图 3-30）。

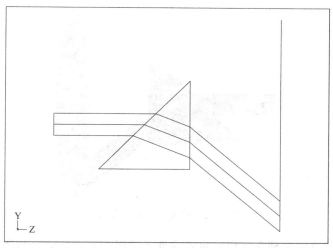

图 3-30 棱镜 3D Layout

⑦ 查看渲染模型（Shaded Model），Analysis→Layout→Shaded Model，可以将第 2、3 面属性里的 Surface Opacity 降为 60%，以便更好地观察棱镜形状，如图 3-31 所示。

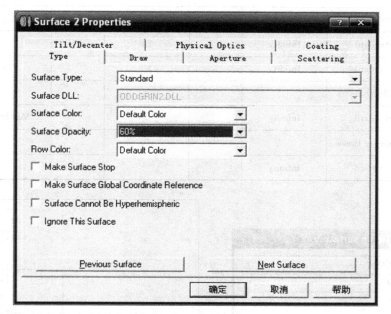

图 3-31 面透明度设置

（2）全反射棱镜设计实例（参见图 3-32 和表 3-5）

① Gen 里入瞳直径设为 5。

② 面数据表里插入 2 个面，第 1 面为 STO，Thickness 为 20，第 2 面 Thickness 为 10，Glass 为 ZF6，第 3 面 Glass 设为 MIRROR。

③ 在第 3 面的前后各插入一个坐标断点面（Surface Type 为 Coordinate Break），此时 MIRROR 面变为第 4 面，被夹在两个 Coordinate Break 面之间，像一个三明治形式。通过设置第一个 Coordinate Break 面的倾斜和离轴量（Tilt/Decenter），可以改变两个 Coordi-

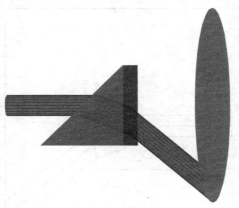

图 3-32　棱镜 Shaded Model

nate Break 面之间的空间坐标系方位，也就改变了之间所有面的倾斜和离轴量。这种方法适合需要统一改变多个光学面（元件）倾斜和离轴量的场合。

表 3-5　全反射棱镜初始结构参数

Surf:Type		Radius	Thickness	Glass
OBJ	Standard	Infinity	Infinity	
STO	Standard	Infinity	20	
2	Standard	Infinity	10	ZF6
3	Coordinate Break		0	
4	Standard	Infinity	0	MIRROR
5	Coordinate Break		0	
IMA	Standard	Infinity		

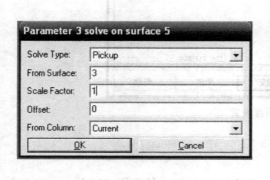

图 3-33　Tilt about X 求解设置

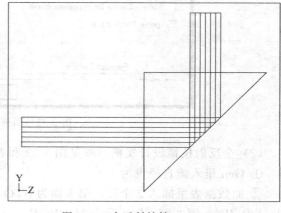

图 3-34　全反射棱镜 3D Layout

④ 直接在镜头数据编辑器中将第 3 面 Tilt about X 设为 45°，第 5 面 Tilt about X 设为 Pick up，From Surface 3，Scale Factor 为 1（图 3-33）。

⑤ 第 5 面的 Thickness 为－10。IMA 面前再插入一个面，Thickness 为－10。

⑥ 切割玻璃，在第 2 面属性的 Aperture 里将光圈类型改为方形光圈，X-Half Width 设为 10，Y-Half Width 设为 10。

⑦ 第 4 面属性的 Aperture 里将光圈类型改为方形光圈，X-Half Width 设为 10，Y-Half Width 设为 14。

⑧ 第 6 面属性的 Aperture 里将光圈类型改为方形光圈，X-Half Width 设为 10，Y-Half Width 设为 10（参图图 3-34）。

思　考　题

1. 熟悉分析菜单下的各种分析功能。

2. 如何通过优化函数，控制光学系统的球差、彗差和像散？

3. 设计一个简单的开普勒望远镜，物镜和目镜均由单片透镜构成，在可见光下工作，视觉放大率 $\Gamma = -20$，物镜与目镜之间的距离 $L = 420\text{mm}$，物方视场角 $2\omega = 3°$。

第 4 章 现代光学系统设计与公差分析

4.1 激光聚焦物镜设计

现在，激光光束聚焦物镜广泛应用于激光加工、影碟机、光盘、激光打印机等。此类透镜是小 F 数、小视场、单色波的简单光学系统，很容易达到衍射极限。

4.1.1 镜头设计指标和初始结构

具体设计要求：

① 镜头物距 $l=\infty$，视场角 $\omega=0°$，焦距 $f'=60\text{mm}$，相对孔径 $D/f'=1/2$，工作波长 $\lambda=0.6328\mu\text{m}$；

② 镜头只需要校正轴上点球差；

③ 几何弥散斑直径小于 0.002mm。

初始结构参数见表 4-1 所列，其光线扇形图、点列图和轴向球差如图 4-1、图 4-2 和图 4-3 所示。从图 4-1 可以看出像质很差。在点列图上，弥散斑直径远远超过设计要求。系统的球差主要表现为初级球差，数值较大，需要校正像差。

表 4-1 初始结构参数

Surf:Type		Radius		Thickness		Glass	
OBJ	Standard	Infinity		Infinity			
STO	Standard	Infinity		0.000000			
2	Standard	80.000000		5.000000		SF59	
3	Standard	Infinity		0.200000			
4	Standard	−80.000000		5.000000		SF59	
5	Standard	−55.989000		53.860000			
IMA	Standard	Infinity					

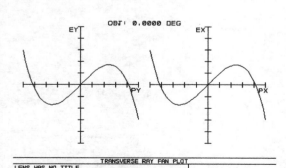

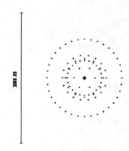

图 4-1 光线扇形图　　　　　　　　　　图 4-2 点列图

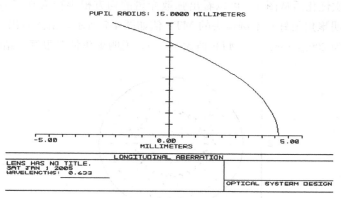

图 4-3 轴向球差图

4.1.2 聚焦物镜的优化设计

ZEMAX 的优化方法有三种：局部优化、全局优化和锤形优化。局部优化可以找到极小值但不是最小值。全局优化是搜索一个很有前途的设计形式，它不能产生最终的设计方案。锤形优化将用尽一切方法搜寻一个最佳方案。ZEMAX 的优化功能需要三个步骤：第一要有一个可以进行光线追迹的合理光学系统；第二要设定变量；第三要设定评价函数。ZEMAX 可以参与优化的变量是曲率、厚度、玻璃、圆锥系数、参数数据、特殊数据和一些多重结构的数值数据。默认的优化函数在优化过程中具有较好的优化效果。它的优化类型有 RMS（均方根）和 PTV（波峰到波谷）。RMS 类型最为广泛使用。

本例的参数状态设置是将前三个半径设置为变量，把两片间的空气间隔设置为变量。让最后一个半径保证镜头的焦距。用边缘光线高度保证成像面在理想像平面上。设置如图 4-4 所示。

	Surf:Type	Radius		Thickness	
OBJ	Standard	Infinity		Infinity	
STO	Standard	Infinity		0.000000	
2	Standard	80.000000	V	5.000000	
3	Standard	Infinity	V	0.200000	V
4	Standard	-80.000000	V	5.000000	
5	Standard	-55.982930	M	57.978764	M
IMA	Standard	Infinity			

图 4-4 优化参数状态设置

评价函数用默认评价函数 RMS＋Wavefront＋centroid。玻璃最小厚度设为 4，最大厚度设为 6，边缘厚度设为 4；空气间隔最小设为 8，最大厚度设为 60，边缘厚度设为 4。根据激光聚焦系统的特性，要控制的像差主要是球差，因此用操作数 LONA 控制不同孔径的球差，如图 4-5 所示。

点击局部优化中的自动优化。当优化结束后，可以看出弥散光斑的直径明显减小。通过增加

Oper #							Target	Weight
1 (LONA)		0	1.000000				0.000000	1.00000C
2 (LONA)		0	0.707000				0.000000	1.00000C
3 (LONA)		0	0.800000				0.000000	1.00000C
4 (LONA)		0	0.500000				0.000000	1.00000C

图 4-5 评价函数中的操作数

权重数值，经过几次优化后从图 4-6 可以看出弥散光斑的均方根半径为 $0.954\mu m$，小于要求的弥散斑半径 $1\mu m$，说明聚焦很好。本例镜头的 MTF 值如图 4-7 所示，由图看出 MTF 曲线所围得面积很大；空间频率为 200lp/mm 时，MTF 值大于 0.6，说明聚焦情况很好。结构图如图 4-8。

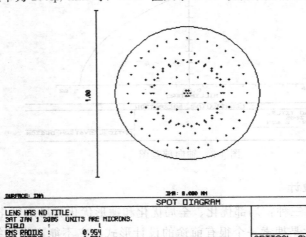

图 4-6 优化后的点列图

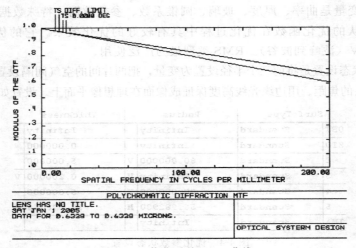

图 4-7 优化后的 MTF 曲线

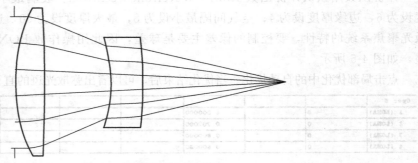

图 4-8 激光聚焦物镜结构

4.2　f-theta 镜头设计

在激光扫描系统中，f-theta 镜头被广泛使用。所谓 f-theta 镜头就是经过严格设计，使像高和扫描角度满足关系式 $H = f\theta$ 的镜头，也称为线性镜头。由于扫描的方式不同，对这类镜头的要求也有所不同。常用的扫描方式有两种：透镜前扫描和透镜后扫描。透镜前扫描就是扫描器位于聚焦透镜前面，将激光器发出的激光束扫描后射到聚焦透镜上，通过聚焦透镜的作用，在其焦平面上形成一聚焦的扫描直线，将扫描器的转动变换为焦平面上焦点的直线运动。因此要求聚焦透镜是一个大视场、小相对孔径的物镜。透镜后扫描，就是扫描器位于透镜的后面，由激光器发出的激光束通过聚焦透镜将光束聚焦，而在透镜与焦点间加一扫描器，扫描器的转动将使焦点做圆弧运动。这类透镜通常是小视场、小相对孔径的物镜。f-theta 镜头与普通透镜的区别如图 4-9 所示，图中比较 f-theta 镜头与普通透镜的 H 与 θ 之间的关系，随着 θ 的增大，两者之间的差别越来越明显，在线性地保持扫描角度和扫描位置关系方面，f-theta 镜头起到了重要的作用。本质上镜头通过引入桶形畸变，使得像高线性正比于扫描角。随着工作面积的增大，设计 f-theta 镜头的关键是要在大的像平面内获得高质量的平场像点。

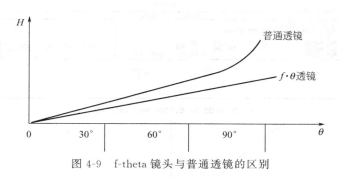

图 4-9　f-theta 镜头与普通透镜的区别

4.2.1　镜头设计指标和初始结构

具体设计要求：

① 镜头物距 $l = \infty$，视场角 $2\omega = 50°$，焦距 $f' = 300\text{mm}$，入瞳直径 10mm，工作波长 $\lambda = 1.064\mu\text{m}$；

② 孔径光阑距离 f-theta 镜头不小于 25mm；

③ 相对畸变小于 0.5% （$f\text{-}\theta$ 像面）。

初始结构如表 4-2 所列。其点列图、球差曲线、场曲、畸变曲线如图 4-10、图 4-11 和图 4-12 所示。从图可以看出弥散斑没有达到衍射极限，球差大，场曲、畸变大。

表 4-2　初始结构参数

Surf:Type		Redius		Thickness		Glass
OBJ	Standard	Infinity		Infinity		
STO	Standard	Infinity		30.000000		
2	Standard	−37.717000	V	2.000000		1.51,0.0

续表

Surf：Type		Redius		Thickness		Glass
3	Standard	−390.494000	V	2.000000		
4	Standard	−282.507000	V	8.000000		1.73,0.0
5	Standard	−50.324000	V	6.470000		
6	Standard	−117.788000	V	4.000000		1.51,0.0
7	Standard	−82.729826	V	333.445265	M	
IMA	Standard	Infinity				

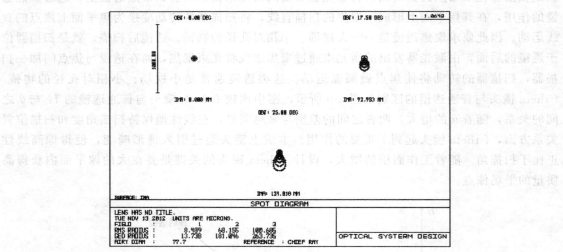

图 4-10　点列图

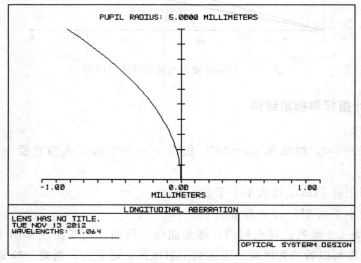

图 4-11　球差曲线图

4.2.2　f-theta 镜头的优化设计

在本例中将表面 2～6 的曲率半径设置为变量（V），用第 7 面曲率半径保证系统焦距。双击该面曲率半径，在 Solve 类型中选中 F Number，输入 F 值 30。把表面 2～6 的厚度设置为变量（V），用第 7 面厚度保证系统成像在理想像平面上。双击该面曲率半径，在 Solve

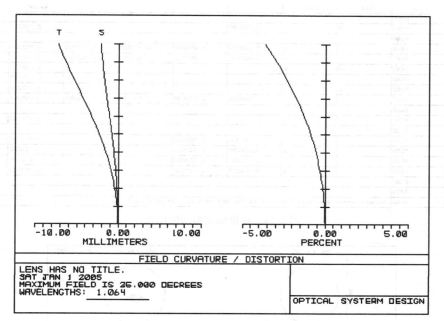

图 4-12　场曲、畸变曲线

类型中选中 Marginal Ray Height，在 Height 项填写 0，在 Pupil Zone 项填写 0。

评价函数用默认评价函数 RMS＋Spot Radius＋centroid。玻璃最小厚度设为 5，最大厚度设为 20，边缘厚度设为 5；空气间隔最小设为 5，最大厚度设为 1000，边缘厚度设为 5。在本例中，新用到的操作数有 DISC，FCGT，FCGS，TRAY，SUMM，DIVI，CONS。

DISC：校准畸变。该操作数计算在由 Wave 定义的波长上整个视场的校准畸变，并返回根据 f-theta 条件线性得到的最大畸变的绝对值。

FCGT：指定 Wave、（Hx、Hy）的细光束子午场曲，以 lens unit 为单位。

FCGS：指定 Wave、（Hx、Hy）的细光束弧矢场曲，以 lens unit 为单位。

TRAY：像面上指定 Wave、（Hx、Hy）、（Px、Py）光线相对于主光线沿 Y 方向上的子午垂轴像差，以 lens unit 为单位。

SUMM：两个操作符（Op♯1，Op♯2）的实际之和。

DIVI：两个操作符（Op♯1，Op♯2）的实际之商。

CONS：指定的常量。

在图 4-13 中，第 4 行到第 9 行是计算控制满视场的全孔径光线的彗差。点击局部优化中的自动优化。当优化结束后，可以看出像质有所改善。通过增加权重数值，经过几次优化后得到较好的结果。从图 4-14 得到弥散斑直径在衍射斑范围内。

在场曲和畸变图 4-15 中，看到 f-theta 镜头校正后的畸变满足设计要求，畸变量＜0.2％。

从相对照度曲线图 4-16 中看到，整个工作面内的照度分布均匀性接近 90％，可以保证工作表面上刻线深度和粗细的均匀性，符合实际的使用要求。

图 4-17 是激光束在工件表面的衍射能量集中度曲线，从图中曲线可以得到由像面中心至边缘，任意半径范围内集中的能量。图中纵坐标是包围能量占总能量的百分比，横坐标表示以像面中心为圆心的圆的半径大小。图中入射光束的 65.5％的能量集中在半径为 20μm 的圆斑内。

Oper #	Type	Srf1	Srf2					Target	Weight
1 (BLNK)	BLNK								
2 (LONA)	LONA	0		1.000000				0.000000	1.0000
3 (BLNK)	BLNK								
4 (TRAY)	TRAY		1	0.000000	1.000000	0.000000	1.000000	0.000000	0.0000
5 (TRAY)	TRAY		1	0.000000	1.000000	0.000000	-1.000000	0.000000	0.0000
6 (SUMM)	SUMM	4	5					0.000000	0.0000
7 (CONS)	CONS							2.000000	0.0000
8 (DIVI)	DIVI	6	7					0.000000	1.0000
9 (TRAY)	TRAY		1	0.000000	1.000000	1.000000	0.000000	0.000000	1.0000
10 (BLNK)	BLNK								
11 (DISC)	DISC		1					0.000000	1.0000
12 (BLNK)	BLNK								
13 (FCGT)	FCGT		1	0.000000	0.700000			0.000000	1.0000
14 (FCGS)	FCGS		1	0.000000	0.700000			0.000000	1.0000
15 (FCGT)	FCGT		1	0.000000	1.000000			0.000000	1.0000
16 (FCGS)	FCGS		1	0.000000	1.000000			0.000000	1.0000
17 (BLNK)	BLNK								
18 (DMFS)	DMFS								
19 (BLNK)	BLNK	Default merit function: RMS spot radius centroid GQ 3 rings 6 arms							

图 4-13 评价函数中的操作数

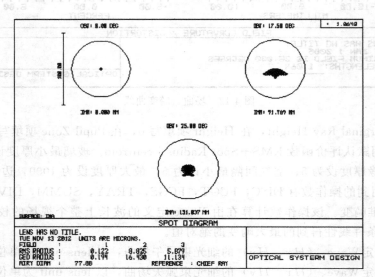

图 4-14 点列图

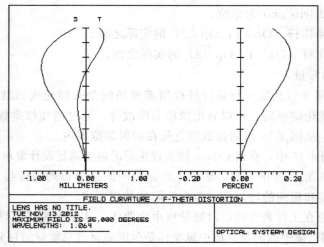

图 4-15 场曲、畸变曲线

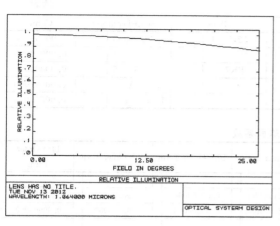

图 4-16 相对照度曲线

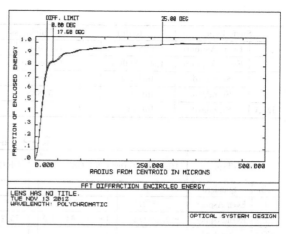

图 4-17 能量集中度

4.3 手机镜头设计

随着科学技术的发展，手机成为了人们生活交流的必需品，而且手机摄像也成为了一种时尚。伴随着技术的开发应用，手机摄像逐渐取代了传统相机的地位，手机正逐步成为集通信、拍照、MP3、MP4 等功能一体化的便捷式电子产品。由于现有的手机厚度较薄，限制了镜头的总长，因此提高手机镜头的性能就显得比较难。手机镜头就是数码照相物镜的一个微型化，是在有限的空间上实现照相功能。

4.3.1 手机镜头设计指标和初始结构

具体设计要求：

① FNO 4；

② 畸变 q ＜2％；

③ 总长度 ＜5mm；

④ 视场角 ＞60°；

⑤ 中心视场 MTF@160LP/mm ＞0.3；

⑥ 0.7 视场 MTF@120LP/mm ＞0.2。

初始结构参数见表 4-3。工作波长为 C、d、F。3 个视场点分别是 0°，21°，30°。Image Space F/♯ 设为 4。非球面系数见表 4-4。图 4-18 是 MTF 曲线图。从图可以看出，MTF 值没有达到要求，像质很差。

表 4-3 初始结构参数

Surf:Type		Redius	Thickness	Glass	Semi-Diameter	Conic
OBJ	Standard	Infinity	Infinity		Infinity	0.00000000
1	Even Asphere	0.78575000	0.40600000	1.53,58.0	0.45441278	0.00000000
2	Even Asphere	−2.93842000	0.00800000		0.35445471	0.00000000
STO	Standard	Infinity	0.24100000		0.29055767	0.00000000
4	Even Asphere	−0.39278000	0.33000000	1.62,31.0	0.28723144	0.00000000
5	Even Asphere	−0.55868000	0.07000000		0.44228425	0.00000000

续表

Surf:Type		Redius	Thickness	Glass	Semi-Diameter	Conic
6	Even Asphere	1.62668000	0.41800000	1.52,57.4	0.60263995	0.00000000
7	Even Asphere	1.42589000	0.15000000		0.66420304	0.00000000
8	Standard	Infinity	0.40000000	BK7	0.67354015	0.00000000
9	Standard	Infinity	0.24558850		0.80811356	0.00000000
IMA	Standard	Infinity			1.06145881	0.00000000

表 4-4　非球面系数

Surf:Type		4th Order Term	6th Order Term	8th Order Term	10th Order Term	12th Order Term	14th Order Term
OBJ	Standard						
1	Even Asphere	−0.03421118	3.18715300	−28.14062300	0.00000000	0.00000000	0.00000000
2	Even Asphere	−0.22618239	−16.16459600	75.22657500	0.00000000	0.00000000	0.00000000
STO	Standard						
4	Even Asphere	−0.31138089	−49.46568500	1433.72560000	−16951.720000	72548.8380000	0.00000000
5	Even Asphere	−1.42211380	26.91097200	−122.20062000	239.15490000	0.00000000	0.00000000
6	Even Asphere	−0.66041397	5.63306220	−21.60071500	37.38761000	−23.96942800	0.00000000
7	Even Asphere	0.27677692	−7.25861280	42.47012100	−117.19016000	153.63542000	−77.22051900
8	Standard						
9	Standard						
IMA	Standard						

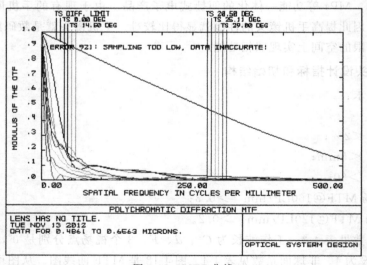

图 4-18　MTF 曲线

4.3.2　手机镜头的优化设计

　　本例评价函数的构成首先要满足 EFFL 的要求以及 TOTR 总长度小于 5mm。其次决定像质要求。手机镜头是照相系统，属大像差系统，需校正全部 7 种像差，其中色差是靠改变材料的折射率和阿贝系数来校正的，而初始结构中的光学材料各自有其良好的特性，所以在实际优化中并未对透镜材料进行调整，但两种色差均达到很小，满足了设计要求。针对剩下的 5 种像差（球差，彗差，像散，场曲，畸变），分别选取相应的操作数进行有目标的优化。对于初级像差校正，可用的操作数有 SPHA、COMA、ASTI、FCUR、DIST 等。在校正高级像差时可以增加其他操作数，如 LONA、TRAY 等，还用到控制 MTF 值的操作数。用 GMTT、GMTS 分别控制轴上以及 0.7 视场、全视场的传递函数值。默认评价函数选 RMS+

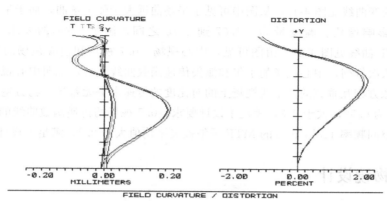

图 4-19 场曲畸变曲线

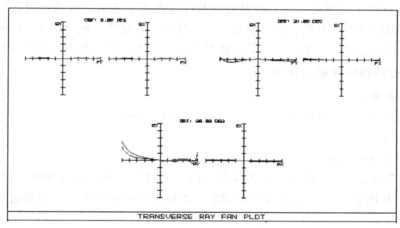

图 4-20 光线扇形图

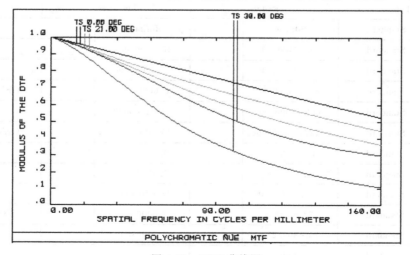

图 4-21 MTF 曲线图

Spot Radius+centroid。除了第三面外，第一面到第七面的曲率半径取为变量，所有的厚度取为变量，六个非球面圆锥系数以及非球面系数取为变量。经过多次优化可以得到理想的结果。优化后的场曲畸变曲线见图 4-19，从图中可见子午场曲远大于弧矢场曲，而子午场曲最大值为 0.19，基本不影响像质。畸变量为 −1.07 到 1.76 之间，满足＜2% 的要求。光线扇形图见图 4-20，MTF 曲线见图 4-21。由图可见，中心视场、0.7 视场和边缘视场的调制传递函数曲线从上到下依次排列，中心视场的子午和弧矢传递函数曲线重合，说明中心视场的子午面和弧矢面确定的像方相互垂直的两个线视场上的对比度的传递水平无差异。物方空间频率 160lp/mm 的 MTF 值为 0.52，大于 0.3，满足了设计要求。0.7 视场的传递函数曲线的子午和弧矢偏差较小，物方空间频率 120lp/mm 的 MTF 子午弧矢平均值大于 0.2，满足了设计要求。

4.4 红外物镜设计

由于红外辐射的特性，使得红外光学系统具有与普通光学系统不同的特点。红外辐射的辐射波段在 $1\mu m$ 以上的不可见区。普通玻璃对红外光波不透明，所以应用在红外系统的材料有限。常用的红外材料有锗、硅、硫化锌、硒化锌、氟化镁、氟化钙等。红外光学系统属于小视场、大孔径系统。一般红外光学系统的视场不太大，轴外像差通常可以少考虑。

4.4.1 镜头设计指标和初始结构

具体设计要求：

① 镜头物距 $l=\infty$，视场角 $2\omega=5°$，焦距 $f'=140mm$；

② $F=2.6$；

③ 工作波长 $8\sim12\mu m$。

初始结构参数如表 4-5 所列，其光线扇形图、点列图和轴向球差如图 4-22、图 4-23 和图 4-24 所示。从图 4-22 可以看出像质不理想，点列图中的弥散斑没有达到衍射极限，需要校正像差。

表 4-5 初始结构参数

Surf:Type		Radius	Thickness	Glass
OBJ	Standard	Infinity	Infinity	
STO	Standard	88.72400000	10.00000000	ZNSE
2	Standard	76.76800000	13.17000000	
3	Standard	83.47500000	8.00000000	GERMANIUM
4	Standard	114.72000000	62.01000000	
5	Standard	−1274.63000000	10.00000000	GERMANIUM
6	Standard	242.75000000	9.83000000	
7	Standard	112.80000000	7.60000000	ZNSE
8	Standard	−262.70000000	13.01000000	
9	Standard	−32.65000000	5.00000000	ZNS_BROAD
10	Standard	76.48033239	3.73903069	
IMA	Standard	Infinity		

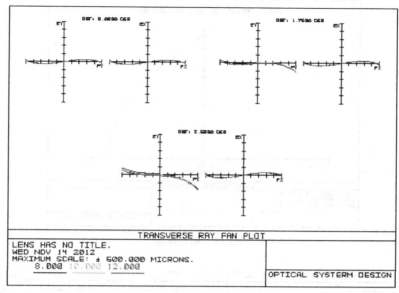

图 4-22　光线扇形图

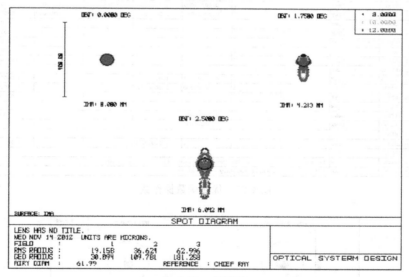

图 4-23　点列图

4.4.2　红外镜头的优化设计

　　评价函数用默认评价函数 RMS＋Spot Radius＋centroid。玻璃最小厚度设为 5，最大厚度设为 20，边缘厚度设为 5；空气间隔最小设为 5，最大设为 1000，边缘厚度设为 5。将表面 1～9 的曲率半径设置为变量（V），用第 10 面曲率半径保证系统焦距。把表面 1～10 的厚度设置为变量（V）。操作数的设置见图 4-25。通过权重的改变以及操作数的合理添加，经过不断的优化，可以得到较好的结果。优化后的点列图见图 4-26，MTF 曲线见图 4-27。从点列图可以看出弥散斑在艾里斑之内，说明弥散斑设计符合要求。本例红外镜头的极限分辨率是 12lp/mm。在 MTF 曲线上，对应值为 0.6，满足设计要求。

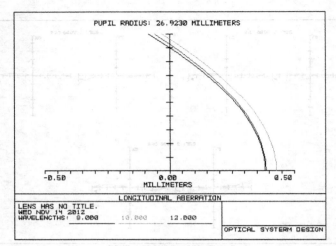

图 4-24   轴向球差

Oper #	Type		Wave	Hx	Hy	Px	Py	Target
1 (EFFL)	EFFL		2					140.00000000
2 (LONA)	LONA	0		0.00000000				0.00000000
3 (LONA)	LONA	0		1.00000000				0.00000000
4 (DIFF)	DIFF	3	2					0.00000000
5 (TRAY)	TRAY		2	0.00000000	1.00000000	0.00000000	1.00000000	0.00000000
6 (TRAY)	TRAY		2	0.00000000	1.00000000	0.00000000	-1.00000000	0.00000000
7 (CONS)	CONS							2.00000000
8 (SUMM)	SUMM	5	6					0.00000000
9 (DIVI)	DIVI	8	7					0.00000000
10 (AXCL)	AXCL	1	3	0.70700000				0.00000000
11 (LACL)	LACL	1	3					0.00000000
12 (BLNK)	BLNK							
13 (FCGS)	FCGS		1	0.00000000	1.00000000			0.00000000
14 (FCGT)	FCGT		1	0.00000000	1.00000000			0.00000000
15 (DIFF)	DIFF	14	13					0.00000000
16 (BLNK)	BLNK							
17 (LONA)	LONA	1		1.00000000				0.00000000
18 (LONA)	LONA	3		1.00000000				0.00000000
19 (BLNK)	BLNK							
20 (MTFT)	MTFT	1	0	1	12.00000000			0.70000000
21 (DMFS)	DMFS							
22 (BLNK)	BLNK	Default merit function: RMS wavefront centroid GQ 3 rings 6 arms						
23 (BLNK)	BLNK	Default air thickness boundary constraints.						

图 4-25   优化函数操作数

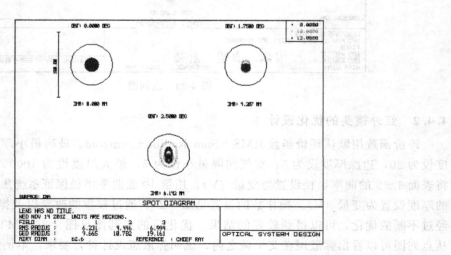

图 4-26   优化后的点列图

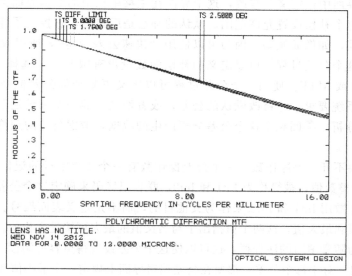

图 4-27　MTF 曲线图

4.5　公差分析

　　作为光学设计者，除了在设计时保证系统达到技术条件中规定的全部要求外，另一项主要工作就是合理地给定光学系统各结构参数，如曲率、厚度或间隔、玻璃的折射率色散以及偏心等的公差。一个光学系统的公差给的合理与否，将直接关系到产品的质量和生产成本的高低。随着科学技术的不断进步，对光学仪器的精度要求也不断提高，合理的设计公差越来越引起光学设计者的重视。

　　当一个光学系统设计完成后，要实现这一系统，就要进行光学零件的加工制造。由于加工制造不可能加工到绝对的设计值，必然会带来一定的加工误差，使得加工出来的产品的成像质量与原设计值有一定的差别。因此，为了保证加工出来的产品的成像质量，就必须给予每个零件一定的加工公差，使得最后的成像质量与原设计值相差不大，仍保持在一定的范围内。

　　在 ZEMAX 软件中，公差分析包括灵敏度分析和蒙特卡罗分析。ZEMAX 默认的公差分析项目包括曲率半径（包括非球面系数）、厚度、光圈、位置、倾斜、离轴、局部光圈误差、折射率、阿贝数等。定义的补偿器包括焦距、倾斜、任意组件或表面或组的位置，还可以选择公差评价标准，有点列图 RMS、波像差 RMS、MTF 等标准。

　　灵敏度分析可单独考虑每个定义的公差，可将参数调整到公差范围的极限，然后确定每个补偿器的最佳值，最后可将每个公差的贡献列表输出。

　　蒙特卡罗分析分析非常有用，功能也非常强大，因为它同时考虑所有公差的影响。通过定义的公差生成一些随机系统，采用适当的统计模型，调整所有的补偿器，使每个参数随机扰动，然后评估对整个系统性能的影响。

　　公差分析的基本流程是选择要求的模式，进行灵敏度分析或者反转灵敏度分析。一个镜头的公差分析由以下步骤组成。

　　① 给这个镜头定义一批适当的公差。通常，用默认公差生成特性是一个好的起始点。

公差在公差编辑界面中被定义和修改，这个界面在主菜单栏中的编辑界面菜单中得到。②添加补偿，并且对每个补偿设置允许范围。默认的补偿是后焦距，它控制了像面的位置。也可以定义其他的补偿，如像面倾斜。因为可以使用"快速公差规定"，所以仅仅使用后焦距补偿可以大大加速这个公差过程。可以定义的补偿的数量没有限制。③选择一个适当的标准，如 RMS 斑点尺寸或 MTF。使用一个公差过程可以定义更复杂的公差标准。④进行公差分析，看是否满足系统要求。⑤修改默认的公差，或者增加新的公差来满足系统要求；⑥执行这些公差的一个分析；⑦回顾由这个公差分析产生的数据，考虑公差的预算。如果需要，可返回到步骤⑤。

公差分析中离不开公差操作数。一个公差操作数有一个 4 个字母的记忆码，如 TRAD 代表半径公差；2 个整数值，被简称为 Int1 和 Int2，联合记忆码来确定这个公差应用于其上的镜头表面。一些操作数用 Int1 和 Int2 来作为其他目的，而不是定义表面编号。每个公差操作数也都有一个最小值和最大值，这两个值指出了与名义值的最大可接受变化值。每个操作数也都有一个空栏来作为随意填写的注释栏，这可以使这个公差设置得更容易阅读。可用的公差操作数在表 4-6 中列出。对于每个公差，都要在公差编辑界面上规定一个最小值和一个最大值。

从主窗口的编辑菜单进入公差数据编辑器，从它的工具栏中进入默认公差选择对话框，见图 4-28。这里包含有表面类公差和元件类公差，见表 4-6，一般可以全选，包括使用焦点补偿。点击确定。要注意的是，在表中 TEDX 到 TETZ 5 个操作数的使用更为普遍，它们适用于任意一种类型的表面，包括标准表面和非标准表面，当 Int1 和 Int2 相同时，即模拟一表面，不相同时，为某一元件或组件。然后，再进入主窗口的工具菜单，选择公差分析，出现公差分析对话框，见图 4-29。在确定了评价标准之后，选灵敏度分析模式，检查一下是否在允许的范围内，如果不是，可以利用紧或松公差的功能给予调整。

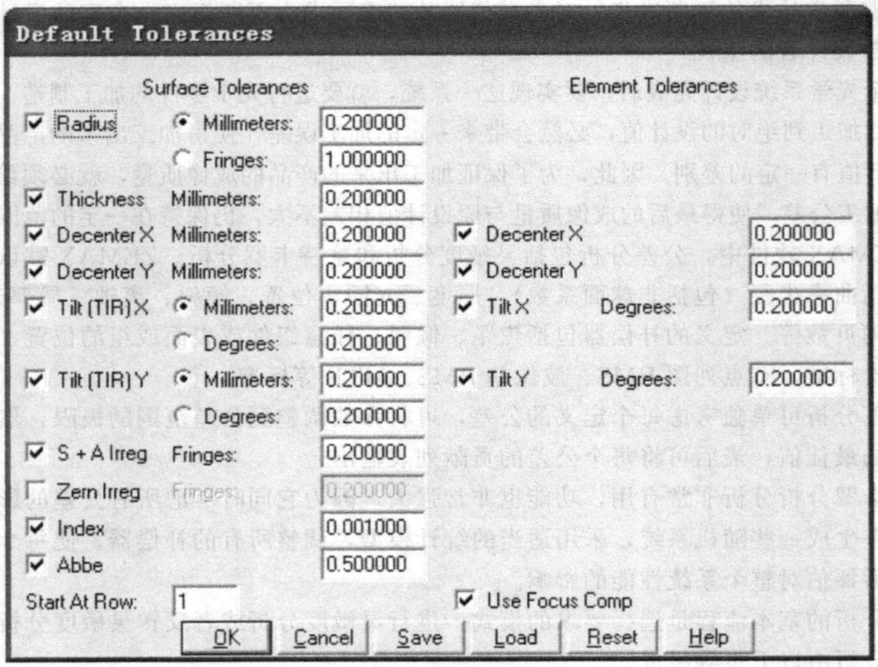

图 4-28　默认公差分析

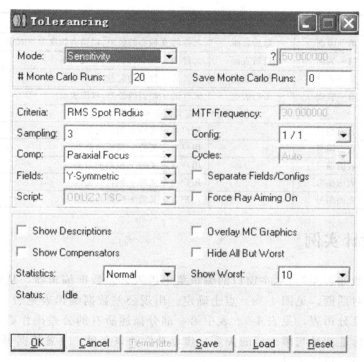

图 4-29　公差分析对话框

表 4-6　公差操作数据

名　　称	Int1	Int2	说　　明
表 面 公 差			
TRAD	表面编号		曲率半径的公差,以镜头长度单位表示
TCUR	表面编号		曲率的公差,以镜头长度单位的倒数表示
TFRN	表面编号		曲率半径的公差,以光圈表示
TTHI	表面编号	补偿表面编号	厚度或位置的公差,以镜头长度单位表示
TCON	表面编号		圆锥常数的公差(无单位量)
TSDX	表面编号		标准表面的 x 偏心的公差,以镜头长度单位表示
TSDY	表面编号		标准表面的 y 偏心的公差,以镜头长度单位表示
TSTX	表面编号		标准表面的 x 倾斜的公差,以度表示
TSTY	表面编号		标准表面的 y 倾斜的公差,以度表示
TIRX	表面编号		标准表面的 x 倾斜的公差,以镜头长度单位表示
TIRY	表面编号		标准表面的 y 倾斜的公差,以镜头长度单位表示
TIRR	表面编号		标准表面不规则性的公差
TEXI	表面编号	数据项编号	使用泽尼克的标准表面不规则性的公差
TPAR	表面编号	参数编号	表面的参数数值的公差
TEDV	表面编号	特殊数据编号	表面的特殊数据值的公差
TIND	表面编号		在 d 光处的折射率的公差
TABB	表面编号		阿贝常数值的公差
元 件 公 差			
TEDX	第一表面	最后表面	元件的 x 偏心的公差,以镜头长度单位表示

名　　称	Int1	Int2	说　　明
TEDY	第一表面	最后表面	元件的 y 偏心的公差，以镜头长度单位表示
TETX	第一表面	最后表面	元件的 x 倾斜的公差，以度表示
TETY	第一表面	最后表面	元件的 y 倾斜的公差，以度表示
TETZ	第一表面	最后表面	元件的 z 倾斜的公差，以度表示
用户自定义的公差			
TUDX	表面编号		用户自定义的 x 偏心的公差
TUDY	表面编号		用户自定义的 y 偏心的公差
TUTX	表面编号		用户自定义的 x 倾斜的公差
TUTY	表面编号		用户自定义的 y 倾斜的公差
TUTZ	表面编号		用户自定义的 z 倾斜的公差

4.6　公差设计实例

　　初始结构参数如表 4-7。从主窗口的编辑菜单进入公差数据编辑器，从它的工具栏中进入默认公差选择对话框，见图 4-28。点击确定。出现公差数据编辑表见表 4-8。再进入公差分析，得到灵敏度分析表，见表 4-9。表中第一部分描述所有的公差操作数，包含参数的改变量，标准值，标准变量与微小值的关系，焦点补偿的该变量。注意依据每个公差操作数独立公差分析的结果，见表 4-10。

表 4-7　初始结构参数

Surf : Type		Comment	Radius	Thickness	Glass	Semi-Diameter
OBJ	Standard		Infinity	Infinity		0.000000
STO	Standard		58.750000	8.000000	BAK1	14.300000
2	Standard		−45.700000	0.000000		13.933199
3	Standard		−45.720000	3.500000	SF5	13.932789
4	Standard		−270.577775	93.452786		13.585637
IMA	Standard		Infinity	−		0.011790

表 4-8　公差数据编辑表

Tolerance Data Editor

Edit　Tools　View　Help

Oper #		Type	Surf	Adjust	Nominal	Min	Max	Comment
1	(COMP)	COMP	4	0	93.452786	−5.000000	5.000000	Default compensator on back focus.
2	(TWAV)	TWAV	−	−	−	0.632800	−	Default test wavelength.
3	(TRAD)	TRAD	1	−	58.750000	−0.200000	0.200000	Default radius tolerances.
4	(TRAD)	TRAD	2	−	−45.700000	−0.200000	0.200000	
5	(TRAD)	TRAD	3	−	−45.720000	−0.200000	0.200000	
6	(TRAD)	TRAD	4	−	−270.577775	−0.200000	0.200000	
7	(TTHI)	TTHI	1	2	8.000000	−0.200000	0.200000	Default thickness tolerances.
8	(TTHI)	TTHI	2	3	0.000000	−0.200000	0.200000	
9	(TTHI)	TTHI	3	4	3.500000	−0.200000	0.200000	
10	(TEDX)	TEDX	1	2	0.000000	−0.200000	0.200000	Default element dec/tilt tolerances 1-2.
11	(TEDY)	TEDY	1	2	0.000000	−0.200000	0.200000	
12	(TETX)	TETX	1	2	0.000000	−0.200000	0.200000	
13	(TETY)	TETY	1	2	0.000000	−0.200000	0.200000	
14	(TEDX)	TEDX	3	4	0.000000	−0.200000	0.200000	Default element dec/tilt tolerances 3-4.
15	(TEDY)	TEDY	3	4	0.000000	−0.200000	0.200000	
16	(TETX)	TETX	3	4	0.000000	−0.200000	0.200000	
17	(TETY)	TETY	3	4	0.000000	−0.200000	0.200000	
18	(TSDX)	TSDX	1	−	0.000000	−0.200000	0.200000	Default surface dec/tilt tolerances 1.
19	(TSDY)	TSDY	1	−	0.000000	−0.200000	0.200000	
20	(TIRX)	TIRX	1	−	0.000000	−0.200000	0.200000	
21	(TIRY)	TIRY	1	−	0.000000	−0.200000	0.200000	

表 4-9　灵敏度分析表

```
Units are Millimeters.
All changes are computed

Paraxial Focus compensation only.

WARNING: RAY AIMING IS OFF. Very loose tolerances may not be computed accurately.

WARNING: Boundary constraints on compensators will be ignored.

Criterion          : RMS Spot Radius in Millimeters
Mode               : Sensitivities
Sampling           : 3
Nominal Criterion  : 0.00354198
Test Wavelength    : 0.6328

Fields: XY Symmetric Angle in degrees
#    X-Field      Y-Field      Weight      VDX    VDY    VCX    VCY
1    0.000E+000   0.000E+000   1.000E+000  0.000  0.000  0.000  0.000

Sensitivity Analysis:

               |------------------ Minimum ------------------|  |------------------ Maximum ------------------|
Type                 Value      Criterion       Change              Value      Criterion       Change
TRAD    1         -0.20000000   0.00376747    0.00022549         0.20000000   0.00372309    0.00018111
  Change in Focus          :   -0.332433                                       0.332362
TRAD    2         -0.20000000   0.01718675    0.01364477         0.20000000   0.01740708    0.01386510
  Change in Focus          :    0.496626                                      -0.495820
TRAD    3         -0.20000000   0.01912398    0.01558200         0.20000000   0.01954041    0.01599844
  Change in Focus          :   -0.576526                                       0.588722
TRAD    4         -0.20000000   0.00354194   -3.6449E-008        0.20000000   0.00354427    2.2947E-006
  Change in Focus          :    0.016067                                      -0.016085
TTHI    1    2    -0.20000000   0.03600804    0.03246606         0.20000000   0.03638210    0.03284012
  Change in Focus          :   -0.814739                                       0.822075
TTHI    2    4    -0.20000000   0.03714135    0.03359937         0.20000000   0.03642745    0.03288547
  Change in Focus          :    0.744380                                      -0.734485
TTHI    3    4    -0.20000000   0.00355553    1.3553E-005        0.20000000   0.00354500    3.0176E-006
  Change in Focus          :   -0.129590                                       0.129558
TEDX    1    2    -0.20000000   0.04144877    0.03790679         0.20000000   0.04144877    0.03790679
```

表 4-10　分析结果

```
Worst offenders:
Type                   Value        Criterion        Change
TIRX    3           -0.20000000    0.06972227      0.06618029
TIRX    3            0.20000000    0.06972227      0.06618029
TIRY    3           -0.20000000    0.06972227      0.06618029
TIRY    3            0.20000000    0.06972227      0.06618029
TIRX    2           -0.20000000    0.06330442      0.05976244
TIRX    2            0.20000000    0.06330442      0.05976244
TIRY    2           -0.20000000    0.06330442      0.05976244
TIRY    2            0.20000000    0.06330442      0.05976244
TSDX    3           -0.20000000    0.04258625      0.03904427
TSDX    3            0.20000000    0.04258625      0.03904427


Estimated Performance Changes based upon Root-Sum-Square method:
Nominal RMS Spot Radius    :        0.00354198
Estimated change           :        0.17901393
Estimated RMS Spot Radius  :        0.18255591

Compensator Statistics:
Change in back focus:
Minimum              :        -0.814739
Maximum              :         0.822075
Mean                 :         0.000429
Standard Deviation   :         0.231558
```

　　由表 4-10 可以看出不好的参数变化。得到的结论是默认的公差范围太宽松，需要缩紧公差。

下篇 光学零件加工工艺

- 第5章　光学零件工艺一般知识
- 第6章　光学零件的粗磨成型工艺
- 第7章　光学零件的细磨（精磨）工艺
- 第8章　光学零件的抛光工艺
- 第9章　光学零件的定心磨边
- 第10章　光学零件的镀膜工艺
- 第11章　光学零件的胶合工艺
- 第12章　晶体光学零件加工工艺
- 第13章　光学加工质量检验

第 5 章　光学零件工艺一般知识

5.1　光学零件加工工艺的特点及一般过程

5.1.1　光学零件加工工艺的内涵

所谓"光学零件加工工艺"，广义是指光电仪器的加工工艺。由于光电仪器是由光学、精密机械、电子系统和计算机组成的，精密机械加工可以包含在机械制造技术中，电子控制和计算机可以包含在微电子技术中，只有光学零件的加工和光学系统的装配和校正有其特殊性，其他的学科不包含，所以，光学零件加工工艺从狭义上讲，就是光学零件的加工和光学系统的装配和校正。

本书所叙述的光学零件加工工艺主要是光学零件的加工，讨论怎样把光学材料高效、优质地加工成各种合格的光学零件，其中包含必要的光学检验。在这个发展过程中，新材料、新工艺、新技术的采用，使光学加工技术这个十分传统的加工工艺发生了日新月异的变化。在这个过程中，起着十分重要作用的因素有以下几个方面。

(1) 金刚石类刀具的使用

由于金刚石具有比光学材料更高的硬度，各种规格的高品质固态磨料金刚石磨轮和金刚石刀具的使用，为光学零件的高效加工提供了条件。

(2) 各种光学新材料的发展

光学新材料的发展使光学加工技术产生了革命性的变化。由于光学塑料的诞生，使得像读写镜头、眼镜片这样中、低精度大批量的光学零件有了一种全新的加工途径，而且具有玻璃光学零件所不具备的重量轻、不易破碎等特点。

(3) 工艺研究的突破性发展

为了提高零件的加工效益和质量，工艺研究的创新成果极大地改变了零件的生产程序和工艺路线，充分利用被加工光学材料的特性，集中系列的高新技术，从而形成新的工艺。

(4) 精密、超精密模具加工技术的发展

机械加工中精密、超精密模具加工技术的发展，使各种精密、超精密模具加工成为可能，从而极大地推动了光学零件的加工水平。

(5) 现代化检测技术的应用

在现代光学加工技术中广泛使用了自动化、非接触、在线等现代化检测技术，如在光学零件的生产过程中用各种干涉检测技术，减少了检测所花的时间，提高了工作效率、检测的确定性和零件的互换性。

5.1.2　光学零件加工的一般工艺过程及特点

光学零件加工的工艺过程随加工方式不同而异。光学零件的加工方式主要有两类，即传统工艺，也称古典工艺；新工艺，也称机械化加工工艺。

(1) 传统工艺的特点及一般工艺过程

传统工艺的特点主要有以下两点。

① 使用散粒磨料及通用机床，以轮廓成型法对光学玻璃进行研磨加工。操作中以松香柏油胶黏胶为主进行粘结上盘。先用金刚砂对零件进行粗磨与细磨，然后使用松香柏油抛光模与抛光粉（主要是氧化铈）对零件进行抛光加工。影响工艺的因素多而易变，加工精度可变性也大，通常是几个波长数量级。高精度者可达几百分之一波长数量级。

② 手工操作量大，工序多，操作人员技术要求高。对机床精度，工夹磨具要求不那么苛刻。适于多品种，小批量、精度变化大的加工工艺采用。

传统加工工艺过程，以一个透镜为例，依次经过以下一些工序。

① 毛坯加工　包括按光学零件图选择合适的块料，切割整平、划分、胶条、滚圆开球面。开球面是单件进行的。

② 粗磨加工　使表面粗糙度及球面半径符合细磨要求。传统工艺中粗磨是单件进行的。一般采用传统工艺加工的工厂中，粗磨车间往往包括毛坯加工。

③ 上盘　粗磨之后，经清洗，将一个个透镜毛坯按同一半径组合成盘。即依靠胶黏胶把分散的透镜固定在球形粘结膜上。应注意的是成盘时要使每一个透镜毛坯的被加工面都处于同一半径的球面上。

④ 细磨抛光工序　在加工第一表面时，细磨到抛光过程中一般是不需拆盘的，即一次上盘完成。操作中，先使用粒度依次变细的三至四道金刚砂将被加工面研磨到表面形状和表面粗糙度达到抛光要求，然后清洗，进行抛光。抛光是用一定半径的抛光模加抛光粉进行。一面加工完毕后，涂上保护膜，翻面再进行上盘，细磨抛光加工第二表面。

⑤ 定心磨边工序　透镜加工过程中会出现光轴和定位轴偏离（称为偏心）。定心磨边的任务是消除偏心，并使侧圆柱面径向尺寸达到装配要求。传统工艺磨边常在光学定心磨边机上进行。

⑥ 镀膜工序　对表面有透光要求的透镜，要加镀增透膜。球面反射镜要镀反射膜。有的还要镀其他性能的薄膜，依使用要求由设计决定。

⑦ 胶合工序　对成像质量要求较高的镜头，往往采用几块透镜胶合而成。胶合应在镀膜以后进行。

以上这些工艺过程可简略表示如下：

选料—切割—整平—胶条—滚圆—开球面—粗磨球面—上盘—细磨—抛光—下盘清洗—第二面上盘—第二面细磨—第二面抛光—下盘清洗—定心磨边—镀膜—胶合。

（2）机械化加工工艺特点及一般过程

机械化加工工艺是在传统工艺的基础上发展起来的，特别在粗磨、细磨、抛光几个工序上表现最为明显。主要特点有以下两点。

① 采用固着磨料、专用机床，以范成法对光学玻璃进行铣磨成型，用金刚石丸片粘结成成型模具，对工件进行细磨；用抛光丸片粘结成抛光模，对工件进行抛光。工艺参数一经确定则比较稳定。精度变化小，易于定时、定光圈、定表面质量加工，形成流水线作业。

② 机械化程度高，工序数少，对操作人员技术要求较低，而对机床调整要求较高，工夹磨具专用且精度要求高。适于大批量、单一品种加工工艺采用。

机械化加工工艺过程，以一个透镜为例，主要工序如下。

① 粗磨铣削工序　选用型料或初步加工的块料先用刚性法上盘，然后在专用铣磨机上用金刚石磨轮偏转一定角度高速旋转，对安装于主轴上的工件（以慢速旋转）进行范成法铣削成型加工。

② 细磨工序　用金刚石成型丸片粘成球形模具，对粗磨后的镜盘进行细磨，细磨机床采用准球心机床，即摆架摆动时绕着工件的球心运动，而不是古典工艺中的平面摆动。

③ 抛光工序　国外机械化加工中的抛光工序（高速抛光工序）多采用聚氨酯塑料片粘贴在球形基模上，做成抛光模进行抛光，加工中仍需氧化铈抛光粉。国内较为广泛的是用塑料混合模进行加工。20 世纪 80 年代初，已研究成功并推广用固着抛光丸片做成的抛光模进行抛光，不需另加抛光粉。高速抛光机也是一种准球心机床。

④ 定心磨边工序　机械化加工工艺中，常用自动定中心磨边机进行磨边。

其他工序在机械化加工工艺中和传统工艺比较变化较小，如镀膜、分划、胶合等，但辅助工序机械化程度提高。例如清洗时采用超声波清洗机，上盘采用专用上盘机，以减少手工操作强度，提高效率。

机械化加工工艺过程可简要表示如下：

毛坯加工—刚性上盘—铣削成型—金刚石细磨—高速抛光—下盘清洗—第二面刚性上盘—第二面铣削成型—第二面细磨—第二面抛光—下盘清洗—定心磨边—镀膜—胶合。

随着新工艺的逐步推广，在一些光学工厂里还出现了一种混合型工艺，即部分机械化工艺。一般是粗磨采用固着磨料对玻璃铣削成型的机械化工艺，而细磨、抛光采用传统工艺的情况较为常见。

现在，光学加工行业中常常把粗磨、细磨（或称精口磨）、抛光三个工序称为基本工序，把在抛光以后的工序，如定心磨边、镀膜、分划、胶合等，称为后道工序。而镀膜、照相复制、分划等所采用的工序已超出一般机械加工范围，称为特种工艺。基本工艺对所有光学零件加工几乎都要进行，而特种工艺并不是所有光学零件都要进行的。

5.2　光学零件加工工艺的操作知识

光学加工由于精度高，加工对象特殊，必须在专门的光学车间内进行。因此，除了遵守一般的机械加工规则外，还必须遵守光学加工所特有的操作要求。

5.2.1　光学车间的特点

在光学零件加工过程中，大多数工序对温度、湿度、尘埃、振动、光照等环境因素是敏感的，特别是高精度零件和特殊零件的加工尤其如此。因此，光学车间都是封闭型，并要求恒温、恒湿、限制空气流动、人工采光、防尘。

（1）温度对光学工艺的影响

恒温是光学车间明显特点之一。这里包括恒温及波动范围两个问题。光学车间各工作场所，由于要求不同，对恒温及其波动范围的要求是各不相同的。

① 温度对抛光效率与质量的影响　由于抛光过程中存在的化学作用随温度升高而加剧，因而升温会提高抛光效率。但由于古典工艺中采用的抛光模制模用胶、粘黏胶等主要由松香和沥青按一定配比制成，一定的配比只在一定的温度下使用。而且它们对温度的变化较为敏感，温度过低，抛光模具与零件吻合性不好；温度过高，抛光模具抛光工作面变形。这两者

都将使加工零件的面形精度难以保证，具体表现在光圈难以控制和修改。实践得出，抛光间的温度一般应控制在 22℃±2℃为宜。

②　胶合对室温的要求　　胶合中以光胶工艺对室温要求最高，一般应控制在 20℃±1℃，而其他胶合工艺，其室温大多控制在 18～25℃左右。

③　真空镀膜对室温的要求　　真空镀膜的室温一般控制在 18～25℃，室温过高，不利于机械泵油和电机散热；过低，不利于扩散泵油汽化。

④　刻划对室温的要求　　制造分划图案的机械刻划车间对室温要求很高，特别是精密刻划，如光栅刻划工艺要求极高的恒温精度，其温差必须控制在±0.02℃以内。温度的波动使刻划机各部分具有不同的伸缩系数，将直接影响分度精度。

⑤　检验对室温的要求　　温度的波动直接影响检验精度。一方面因为精密光学仪器对温度的波动很敏感；另一方面被检零件不恒温时，检具和零件间有温差会直接影响读数精度。所以，检验室必须恒温，并且也应控制在 22℃±2℃范围内。

（2）湿度对光学工艺的影响

在光学零件加工过程中，凡要求恒温或空调的地方，均有控制湿度的需求，因为水分蒸发速度直接影响湿度恒定状态。湿度过低，易起灰尘，零件表面清擦时也易产生静电而吸附灰尘，影响其光洁度，特殊零件如晶体零件的加工以及光胶工艺等，对湿度的要求尤为严格。光学加工过程中室内湿度一般应控制在 60％左右。

（3）防尘

由于光学零件对表面质量即表面光洁度和表面疵病有极高的要求，所以光学车间对防尘问题也特别突出。灰尘在抛光时会使零件表面产生道子、划疵、亮丝；在镀膜时，会使膜层出现针孔、斑点、灰雾；在刻划时，会引起刻线位置误差、断线等。

灰尘来源主要有：

①　外间空气带入；

②　由工作人员衣物上落下，粒径一般在 1～5μm 左右，直径小于 10μm 的灰尘，往往不能依靠自重降落而长时间悬浮于空气中，影响产品质量；

③　不洁净的材料、辅料、夹具等带入；

④　生产过程中产生的灰尘。

光学车间的净化条件，若按室内含尘的质量浓度要求，应控制在 mg/m^3 的数量级。对胶合室则更严，一般以颗粒浓度要求，应控制在粒数/升的数量级。

5.2.2　光学生产安全操作规则

由于光学车间的特殊性和光学零件加工的高精度要求，学生进入光学车间实训时，必须严格遵守以下安全技术及操作规则。

①　进入光学车间，特别是进入细磨、抛光、检验、磨边、胶合、薄膜、刻划等工作间时，应穿白色工作服，戴工作帽，穿专用鞋子或干净拖鞋，以防止将室外灰尘带入光学车间。

②　进入光学车间后应先洗手。在操作过程中禁止用手指直接触摸光学零件表面，需要拿取光学零件时，手指也只能接触光学零件的侧面或非工作面。因为手指上留有汗渍、各种有机酸、盐类等对光学表面有害物质，它们往往会使光学零件表面受到侵蚀。如果不小心触摸后，必须立即用脱脂纱布或脱脂棉花蘸上酒精、乙醚混合液擦拭干净。

③ 为保持光学车间的恒温条件，不能在一个工作场所聚集过量人员，致使周围气温上升。门窗也不能随意打开。

④ 开机前，须先检查机床设备、夹具是否完好。发现电机有异常现象或其他机械故障时，应立即拉开电闸或停机检查。安装、拆卸零件和夹具时，机床主轴必须完全停止转动。

⑤ 光学车间为了清洗光学零件和其他工作需要，常常使用或临时存放多种易燃物质，如溶剂汽油、无水酒精、乙醚等，因此光学车间必须严格注意防火，加热设备必须远离上述物质。为了防火，同时也为了空气卫生，光学车间内严格禁止吸烟。

⑥ 在加工过程中，粗砂禁止带入细砂，细砂禁止带入抛光区。因此在换砂以后，在磨砂完毕进入抛光前，必须对工件、夹具、工作台等进行彻底清洗，以防砂子带入，使工件表面出现划痕、亮丝，破坏光洁度。

⑦ 在上盘、下盘，或其他需要加热光学零件情况时，不可使零件急热急冷。同时，加热时应注意零件升高的温度必须控制在材料的退火温度以下。由于电炉表面温度已接近或超过许多材料的退火温度，所以不能将光学零件直接搁在电炉盘上加热，中间应垫以衬垫。

⑧ 在未了解实训所用机床及仪器设备的操作规范前，不允许擅自开动机床试看试用有关的仪器设备，也不允许操作不在实训范围内的仪器与设备，以免造成损坏和人身不安全事故。

5.3　光学材料及辅料

制作光学零件的材料目前常见的有三大类，即光学玻璃、光学晶体和光学塑料，其中以光学玻璃，特别是无色光学玻璃使用量最大。光学零件的加工按行业划分虽然归入机械加工一类，但由于其加工对象的材料性质和加工精度要求显著地不同于金属材料，其主要工艺性质如下。

5.3.1　光学玻璃的工艺性质

光学玻璃是加工光学零件的主要光学材料。光学玻璃分无色光学玻璃和有色光学玻璃。在玻璃家族中，光学玻璃是一种特种玻璃，它具有更严格的光学常数、更好的均匀性和更高的透明度，因此，加工光学玻璃有更规范的工艺规程和性质要求。其主要工艺性质有以下几点。

（1）性脆且硬

玻璃是典型的脆性材料，因此传统工艺多采用研磨和抛光法加工。装夹必须考虑到它性脆易碎的特点，采用粘结方法。在粗加工时也有用真空吸附方法或加毛毡衬垫等保护措施。加工和搬运过程中，不得进行撞击。玻璃的莫氏硬度为 5～7，所以加工玻璃用的磨料硬度一般应大于此值。

（2）导热性差，抗张强度低

玻璃是热的不良导体，抗张强度远低于抗压强度，所以玻璃不能承受急冷急热。加工中如在加热玻璃时吹上冷风或溅上冷水，因急冷使玻璃表面产生抗应力，会引起玻璃炸裂。同样玻璃加热时也不能升温过快，否则玻璃也会引起炸裂。又因为每一种玻璃都有特定的退火温度，它们分布在 $400 \sim 600℃$ 之间，因此加热时还得注意不得超过玻璃相应的退火温度，以免退火效果丧失。

（3）膨胀系数大

玻璃的膨胀系数大，因此检验时要有足够的恒温、均温时间，使玻璃各部分均温并和检具一致，以免引入温度误差。

（4）化学稳定性变化大

玻璃的化学稳定性是指玻璃耐水、酸、碱等有害物质侵蚀的能力。玻璃虽硬，但水侵入可引起水解，酸碱侵入会加速表层破坏，导致玻璃发霉，表面出现斑纹，丧失透光能力。实验证明，化学稳定性随着玻璃内 SiO_2 含量增大而增加，所以冕牌玻璃的化学稳定性要优于火石玻璃，后者 PbO_2 含量高而 SiO_2 含量下降。

5.3.2 光学晶体和光学塑料的工艺性质

光学晶体是人类最早使用的光学材料，在光学玻璃发明以前，人们主要靠天然的光学晶体制造透镜和平面镜。与光学玻璃不同的是，一般的光学晶体在紫外、可见、近红外甚至红外波段有比较好的透过率，不像光学玻璃，在紫外和红外波段，光谱透过率很低，这就是光学玻璃问世以后，人们离不开光学晶体的原因。

光学塑料是以高分子合成为主要成分的材料，它的主要特点是，在一定的温度、压力条件下，可以将其塑制成型，而且能使其形状保持宏观不变。20 世纪 60 年代以后，塑料大量应用在工程上，作为各种金属、玻璃和木材的替代品，从而被称为工程塑料。光学塑料是工程塑料中具有严格光学性能和一定力学性能的塑料，并能用来制造光学零件。由于光学晶体和光学塑料在光学零件加工工艺实训中没有涉及到，在这里就不介绍它们的工艺性质。

5.3.3 光学辅料

光学辅料是指在光学零件加工基本工艺中，为使各工序顺利完成，必须采用的各种磨料、抛光粉、抛光模材料和粘结、保护材料等的总称。在光学加工中，由于被加工材料质地很硬、很脆，而被加工零件的精度要求很高，表面粗糙度要求很细，因此光学辅料就具有其专用性和特有性。实践证明，光学辅料质量的好坏对光学零件的加工质量、生产效率及光电仪器的性能、使用寿命都有直接的影响。

（1）磨料

根据磨削的工艺，磨料主要有散粒磨料和固着磨料，前者用于传统的低速工艺，后者主要是金刚石磨具，用于现代的高速工艺。散粒磨料主要是金刚砂和人造刚玉。金刚石磨具主要是金刚石磨轮和金刚石丸片。

金刚砂是最常用的散粒磨料，它以天然铁铝石榴石为原料，按现代工艺技术加工精制而成。该磨料硬度适中（莫氏 $7 \sim 8$ 度），密度大（大于 $3.9 g/cm^3$），化学性质稳定及自锐性好，使它具备了其他磨料所不可替代的优势。

金刚石磨具一般由金刚石层、过渡层、基体三部分组成。金刚石层由金刚石磨料和结合剂压制组成，是磨具的工作部分，起磨削作用。过渡层由结合剂粉末压制而成，不含金刚石磨料，作用是牢固连接金刚石层与基体，并保证金刚石层被充分利用。基体起着支撑金刚石层和过渡层的作用，并用于磨具的装卡。常用的金刚石磨具主要有如下几种。

① 金刚石磨轮 常用的金刚石磨轮的形状有杯形、蝶形、碗形和筒形，其代号分别依

次用 B、D、BW 和 NH（NP）表示，图 5-1 示出它们的外形结构图。

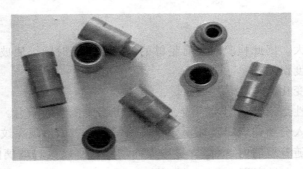

图 5-1　金刚石磨轮的外形结构图

② 金刚石锯片　金刚石锯片是金刚石磨具中的一种先进的高效切割工具，使用时可以根据需要，应用单片或多片对光学玻璃进行切割，其应用非常广泛，图 5-2 示出它的外形结构图。

图 5-2　金刚石锯片的外形结构图

③ 金刚石丸片　金刚石丸片是光学加工中使用最多的金刚石磨具，它的特点是可以根据被加工零件直径和曲率半径的大小，灵活地用丸片排列，组成相应的磨具，而且使用寿命较长，图 5-3 示出它的外形结构图。

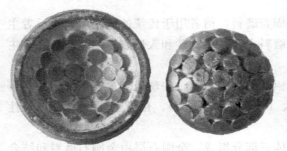

图 5-3　金刚石丸片组成的球面细磨模

图 5-4　抛光粉

（2）抛光粉

抛光粉是抛光工艺中使用最多的辅料，它的作用是通过它在抛光模和被抛光零件之间的吸附和磨削，提高被加工表面的粗糙度，如图 5-4 所示。

常用的抛光粉有氧化铈抛光粉、氧化铁抛光粉和氧化锆抛光粉等。它们都是经过精密加工的高纯度微粉，其基本性能见表 5-1。

表 5-1　常用的抛光粉的基本性能

性　　能	三氧化二铁（Fe_2O_3）	氧化铈（CeO_2）	氧化锆（ZrO_2）
外观	深红色、褐红色	白色、黄色	白色、黄色、棕色
密度（g/cm³）	5.1～5.3	7.0～7.3	5.7～6.2
莫氏硬度	5～7	6～8	5.5～6.5
颗粒外形	近似球面	多边形	
颗粒大小/μm	0.2～1.0	0.5～4	0.25～0.7
晶系	斜方晶系	立方晶系	单斜晶系
点阵结构	刚玉点阵	萤石点阵	
熔点/℃	1560～1570	2600	2700～2715

通常，评价抛光粉的指标主要有如下几项。

① 颗粒大小　颗粒大小决定了被抛光的表面粗糙度和抛光效率。颗粒大小一般用过筛数目或平均颗粒大小来表示。

② 硬度　颗粒硬度大的抛光粉具有较强的抛光能力，因此具有比较好的抛光效率。在抛光液中加入适当的助磨剂也可以提高抛光能力。

③ 悬浮性　高速抛光要求抛光液具有较好的悬浮性，抛光粉的颗粒形状和大小对悬浮性有明显的影响，近似球面的抛光粉和小颗粒的抛光粉的悬浮性较好。

④ 颗粒结构　颗粒结构是团聚体颗粒还是单晶颗粒决定了抛光粉的耐磨性。

⑤ 颜色　颜色与抛光粉制造时的焙烧温度和原料成分有关，焙烧温度高，抛光粉中氧化铈含量高，抛光粉呈白色；反之，抛光粉呈黄、棕、红色。

（3）抛光材料

抛光材料是指和被抛光零件紧密接触的抛光膜层材料。随着高速抛光工艺的普及，抛光材料发生了很大的变化，传统抛光工艺所采用的抛光柏油退居到次要的位置，而聚氨酯抛光材料和固着磨料抛光片成为主要的抛光材料。常用的抛光材料主要是聚氨酯抛光片、固着磨料的抛光片、抛光柏油等。

（4）粘结、保护材料

粘结、保护材料是指在光学零件加工过程中，因为工艺的需要，对零件进行固定和保护的辅料。常用的粘结、保护材料主要是刚性上盘粘结材料、弹性上盘粘结材料、石膏、虫胶漆等。

5.4　光学零部件图及其标注

5.4.1　国家规定的标准

中华人民共和国国家标准光学制图（GB 13323—91）规定了光学部件图和光学零件图必须标注的技术要求，并以专用表格在图纸右上角位置显著表示。典型的平凸透镜零件图、棱镜零件图、双胶合透镜部件图分别如图 5-5、图 5-6、图 5-7 表示。由典型的光学零、部件图可以看出，光学制图是在国家标准机械制图的基础上，对光学特殊性的补充和规定。在光

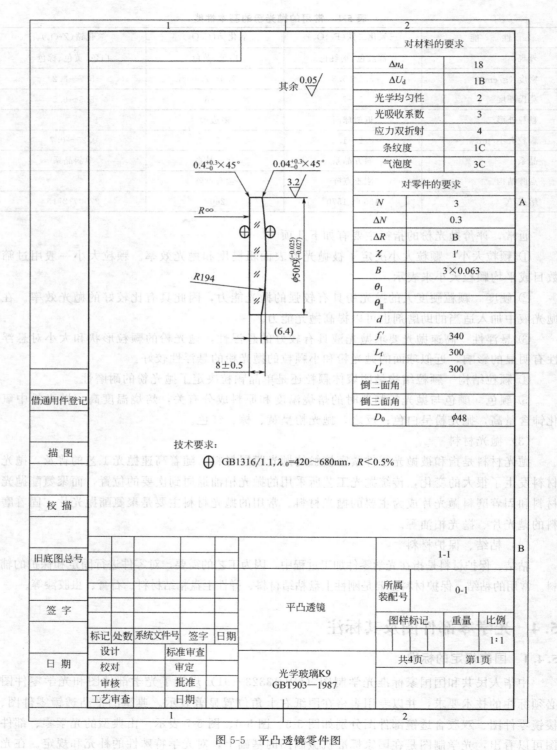

对材料的要求	
Δn_d	18
ΔU_d	1B
光学均匀性	2
光吸收系数	3
应力双折射	4
条纹度	1C
气泡度	3C

对零件的要求	
N	3
ΔN	0.3
ΔR	B
χ	1′
B	3×0.063
θ_{I}	
θ_{II}	
d	
f'	340
L_f	300
L'_f	300
倒二面角	
倒三面角	
D_0	$\phi48$

其余 $\overset{0.05}{\triangledown}$

$0.4^{+0.3}_{-0}\times45°$ $0.04^{+0.3}_{-0}\times45°$

3.2

$R\infty$

$\phi50r9\,{}^{(-0.025)}_{(-0.027)}$

$R194$

(6.4)

8 ± 0.5

技术要求：

$\oplus$ GB1316/1.1, λ_0=420～680nm, R<0.5%

借通用件登记						
描 图						
校 描						
旧底图总号					1-1	
签 字				所属装配号	0-1	
				平凸透镜		
				图样标记	重量	比例
	标记	处数	系统文件号	签字	日期	1:1
	设计		标准审查		共4页	第1页
日 期	校对		审定	光学玻璃K9		
	审核		批准	GBT903—1987		
	工艺审查		日期			

图5-5 平凸透镜零件图

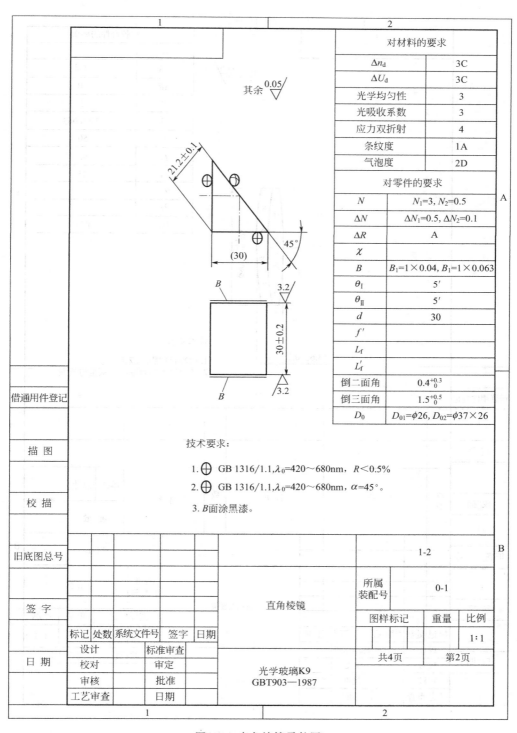

图 5-6 直角棱镜零件图

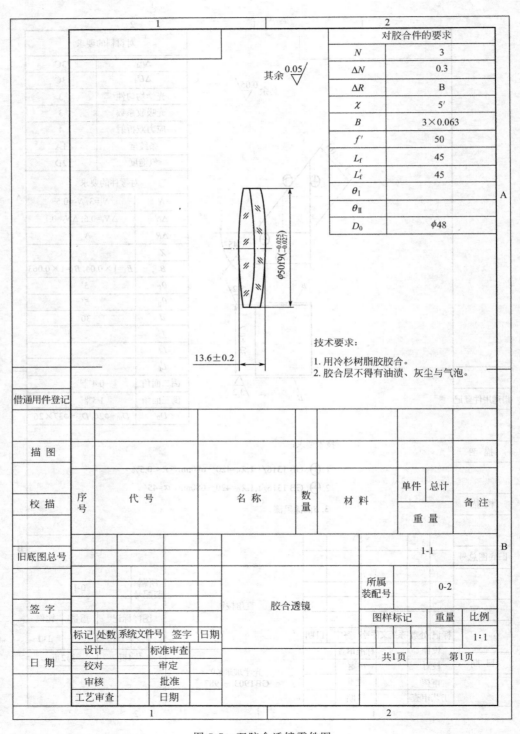

对胶合件的要求	
N	3
ΔN	0.3
ΔR	B
χ	5'
B	3×0.063
f'	50
L_f	45
L_f'	45
θ_1	
θ_{II}	
D_0	$\phi48$

其余 $\overset{0.05}{\nabla}$

$\phi50f9\binom{-0.025}{-0.027}$

13.6±0.2

技术要求:

1. 用冷杉树脂胶胶合。
2. 胶合层不得有油渍、灰尘与气泡。

借通用件登记

描　图

校　描

序号	代　号	名　称	数量	材　料	单件	总计	备　注
					重　量		

旧底图总号

签　字

日　期

标记	处数	系统文件号	签字	日期
设计		标准审查		
校对		审定		
审核		批准		
工艺审查		日期		

胶合透镜

1-1

所属装配号　0-2

图样标记	重量	比例
		1:1

共1页　第1页

图 5-7　双胶合透镜零件图

学制图中规定：光轴一般水平放置，用点画线表示；光线方向一般由左至右，零件先遇到光线的表面通常放在左边；图中标注尺寸应符合国家机械制图标准，光学零件图要求标注允许的公差范围，而不标注公差代号。尺寸标注常有三种表示方法：一是公称值，即不带公差的名义值，加工中此值不作为验收的依据；二是实际值，名义值并加注公差，此值于验收时必须检验，所注公差范围即为验收的依据；三是参考值，不加注公差，一般将数字用圆括弧表示，此值仅作为加工或了解性能的参考，不进行检验，亦不作为验收的依据。

5.4.2　光学零件及有关术语、符号

光学工艺使用的图纸，通常有光学零件图、胶合部件图、工序图（毛坯图、粗磨图、抛光图等）。其中光学零件图规定了加工时所必需的全部资料，包括外形尺寸、材料、技术要求及其他需说明的各项内容。其他工艺图纸均按光学零件图画出，标注各工序完工后的尺寸和检验要求。

绘制光学零件工艺图样的一般原则是：光轴一般水平放置，用点画线表示；光线方向一般由左至右，零件先遇到光线的表面通常放在左边。

图纸右上角的表格依次列出对玻璃的要求和对零件的加工要求，包括面型精度、表面质量等。零件的外形尺寸、有关技术要求在图上注明或在图纸下方用文字或符号注明。

常用符号、术语说明如下。

N——光圈数符号，表示被检的零件表面和样板标准表面曲率半径偏差时产生的干涉条纹数（通称光圈）数目。

ΔN——光圈局部误差符号，表示表面形状的局部误差。

ΔR——样板精度等级符号，即样板曲率半径实际值对名义值的偏差量符号。

$B(P)$——光学零件表面疵病符号，也称为光洁度。光学零件工作表面的粗糙度一般都要求达到 $Rz = 0.025\mu m$，旧标准为 $\bigtriangledown 14$。在此基础上还有对表面上存在的亮丝、擦痕、麻点作出限制。须与机械加工中的光洁度概念区分开。

$C(X)$——透镜偏心差符号，亦称透镜的中心偏差符号，用透镜表面的球心对透镜定位轴的偏离量表示。

π——尖塔差符号，表示反射棱镜的棱向误差。

θ——平行差符号，表示玻璃平板两表面间的不平行度。

S——屋脊棱镜双角差符号，表示屋脊棱镜屋脊角有偏差时造成的双像差的程度。

d——透镜中心厚度。

φ——透镜的口径。

⊕⊗——镀膜符号，⊕为增透膜，⊗为增反膜。

Δn_d——玻璃材料折射率允许误差，包括对标准值的允差和同一批玻璃中的一致性允差。

$\Delta(n_F - n_c)$——色散允差，与 Δn_d 一样，同样包括两项。

光学均匀性——玻璃内因折射率渐变造成的不均匀程度，影响零件的鉴别率，以鉴别率表示。

应力双折射——玻璃存在应力时呈现各向异性，产生双折射现象，以双折射光程差表示。

条纹——玻璃中的化学不均匀区，因折射率不同于主体而出现丝状或层状的疵病。块料玻璃有从三个方向检查的，也有从两个或者一个方向检验的。

气泡——玻璃体内残留气泡程度，有大小与个数两项指标。

5.5　光学零件的加工余量

5.5.1　加工余量的基本概念

在光学零件加工过程中，为了从玻璃毛坯获得所需要零件的形状、尺寸、表面质量，必须除去一定量的玻璃层，这一定量的玻璃层就称为加工余量。加工余量的正确给出是十分重要的，如果给出的余量小，则加工不出符合技术要求的零件；如果余量太大，又会造成材料与工时的浪费。

根据光学零件加工工序，零件的加工余量分为锯切余量、整平余量、滚圆余量、粗磨余量、细磨及抛光余量、定中心磨边余量。

在每一工序之后给下一道工序留下的余量称为中间工序的余量。

由加工中各个中间工序的余量所组成的余量总和称为总加工余量。

鉴于各工序的加工特点不同，故要很好地研究如何合理地规定各道工序的加工余量。

5.5.2　确定加工余量的原则

光学零件的绝大部分余量都是借助于散粒磨料或固着磨料磨除去的。在研磨过程中，磨料对玻璃表面施加压力，形成一定的破坏层，往后的细磨、抛光等各道工序就是要除去这一破坏层，使玻璃表面形成符合要求的光学表面。因此，确定加工余量的原则应该是每道工序中除去的余量等于上一道工序产生的破坏层深度 F_{n-1} 与本道工序产生的破坏层深度之差。

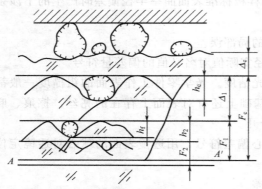

图 5-8　散粒磨料产生凹凸层和破坏层

图 5-8 示出散粒磨料研磨、抛光时加工余量与破坏层的关系。由图看出：玻璃经过粗磨的第一道砂粗磨后，表面产生凹凸层 h_c 和破坏层 F_c，破坏层最深处以 AA' 表示。当第二道砂粗磨时，产生凹凸层 h_1 和破坏层 F_1，而破坏层深度应与 AA' 线重合，则其加工余量应

为图中的 Δ_1，显然 Δ_1 等于 F_c 与 F_1 之差。以后各道磨料的研磨加工余量均可类推，最后一道磨料的细磨所产生的 h 与 F 都已相当细微，因此，应该使最后一道磨料中的 F 略微超出 AA' 线。然后通过抛光除去残余的相当微细的破坏层。余量的表达式为：

$$
\begin{cases}
\Delta_1 = F_c - F_1 \\
\Delta_2 = F_1 - F_2 \\
\cdots \\
\Delta_n = F_{n-1} - F_n
\end{cases}
\tag{5-1}
$$

必须指出：根据上述原则计算的余量只是理论值，实际上应该结合加工的具体情况给予适当地放大。

5.5.3　各工序余量的确定

（1）锯切余量与公差

锯切余量与锯片的侧向振动、锯片厚度锯切深度等因素有关，可按表 5-2 选取。

锯切的尺寸公差取±(0.2~0.5)mm。

表 5-2　锯切余量

锯切深度/mm	散粒磨料锯切余量/mm		金刚石锯片锯切余量/mm	
	锯片厚度 1/mm	锯片厚度 2/mm	锯片厚度 1/mm	锯片厚度 2/mm
<10	1.5	3.0	1.5	2.5
10~65	2.0	3.2	1.8	2.7
>65	2.5	3.6	2.2	3.0

（2）整平余量

整平时，磨去玻璃层的厚度，决定于毛坯玻璃的厚度、表面不平程度及其他表面疵病大小，一般加工中单面整平余量取 0.2~0.6mm。

（3）磨外圆加工余量与公差

磨外圆余量是指将整平后的方料，按其边长磨到圆直径之间的磨去量。根据磨外圆的加工机床与零件尺寸不同，可按表 5-3 确定，磨外圆公差可按表 5-4 确定。

表 5-3　磨外圆余量

零件直径/mm	加工种类	加工余量/mm
<7	无心磨床	0.4~0.6
7~40	手搓滚圆	1.5~2.0
	外圆磨床	1.5~2.0
	改装车床	2.0~2.5
>40	外圆磨床	2.0~3.0
	改装车床	2.5~4.0

表 5-4　磨外圆公差

加工方法	外圆公差/mm	不圆柱度/mm
无心磨床	0.05	0.01
手搓滚圆	0.10	0.01~0.10
外圆磨床	0.05~0.10	0.05
改装车床	0.10~0.20	0.10

（4）研磨、抛光余量与公差

研磨的余量与被加工零件形状和尺寸、毛坯的种类、机床精度等因素有关。抛光余量十分微小，它与细磨余量一起给出。

① 用散粒磨料研磨时，粗磨余量参考表 5-5。

表 5-5　散粒磨料粗磨余量

零件	毛坯种类	加工面形状	透镜直径或长方形零件边长/mm							
			单面余量							
			0~25		25~40		40~65		>65	
			1	2	1	2	1	2	1	2
透镜	球面型料	凸面和凹面	0.2	0.3	0.3	0.4	0.4	0.6	0.6	0.9
	块料	凸面	0		0		0		0	
		凹面	h		h		h		h	
平面镜	平面型料	平面	0.2	0.4	0.3	0.5	0.4	0.6	0.6	0.9
棱镜	型料和锯料	平面	0.5	0.5	0.6	0.6	0.7	0.7	0.9	0.9

② 用固着磨料研磨时，粗磨铣切余量参考表 5-6。对于棱镜，考虑到修磨角度，余量应当增大。

表 5-6　固着磨料粗磨余量

种　　类		零件直径	
		直径＜10mm	直径＞10mm
		单面余量/mm	
双凸透镜		0.15	0.20
平凸透镜		0.075	0.10
双凹透镜	有平台	1	0
	无平台	0.1	0.15
平面透镜		0.05	0.075

③ 细磨抛光余量及公差

细磨和抛光的余量一般采用的数据为：零件直径≤10mm 时，单面余量取 0.15～0.20mm；零件直径＞10mm 时，单面余量取 0.20～0.25mm。

高速细磨余量一般取 0.1mm。

（5）定心磨边余量

凹透镜的定心磨边余量参考表 5-7 选取。对于凸透镜，当其直径与凹透镜尺寸相同时，可选取比表 5-7 低一级的余量。

表 5-7　凹透镜定心磨边余量

透镜直径/mm	1.5～2.5	2.5～4	4～6	6～10	10～15	15～25	25～65	65～100	＞100
加工余量/mm	0.4	0.6	0.8	1.0	1.2	1.5	2.0	2.5	3

对于容易产生偏心的透镜，如正月形透镜、负月形透镜等，余量应适当放大，可按照式（5-2）计算：

$$\Delta d = \frac{2\Delta t}{d\left(\dfrac{1}{R_1} + \dfrac{1}{R_2}\right)} \tag{5-2}$$

式中　d——透镜的直径；

　　　Δd——定心磨边余量；

　　　Δt——粗磨后能达到的边缘厚度差；

R_1、R_2——透镜的曲率半径，凸面用正值，凹面用负值。

5.5.4　光学零件毛坯尺寸的计算

各工序的加工余量确定之后，就可计算出毛坯的尺寸。

（1）透镜的毛坯尺寸计算

对于双凸透镜可按式（5-3）计算：

$$t = t_0 + 2(p_j + p_z) \tag{5-3}$$

对于凹凸透镜可按式（5-4）计算：

$$t = t_0 + 2(p_j + p_z) + h \tag{5-4}$$

对于双凹透镜可按式(5-5) 计算：

$$t=t_0+2(p_{\mathrm{j}}+p_{\mathrm{z}})+h_1+h_2 \tag{5-5}$$

式中　t——毛坯的厚度；

　　　t_0——透镜的中心厚度；

　　　p_{j}——细磨抛光余量（单面）；

　　　p_{z}——粗磨余量（单面）；

h_1，h_2——凹面的矢高。

（2）棱镜的毛坯尺寸计算

棱镜的形状虽多种多样，但都可认为是若干个三棱镜的组合，所以只需分析三棱镜毛坯尺寸的计算。

如图 5-9 所示，设三棱镜的三个角分别为 α、β、γ，其对应的边分别为 3、2、1，由图可知：

$$\begin{cases} d_{\mathrm{x}1}=d_1+(p_{\mathrm{j}}+p_{\mathrm{z}})\left(\cot\dfrac{\alpha}{2}+\cot\dfrac{\beta}{2}\right) \\[2mm] d_{\mathrm{x}2}=d_2+(p_{\mathrm{j}}+p_{\mathrm{z}})\left(\cot\dfrac{\alpha}{2}+\cot\dfrac{\gamma}{2}\right) \\[2mm] d_{\mathrm{x}3}=d_3+(p_{\mathrm{j}}+p_{\mathrm{z}})\left(\cot\dfrac{\beta}{2}+\cot\dfrac{\gamma}{2}\right) \end{cases} \tag{5-6}$$

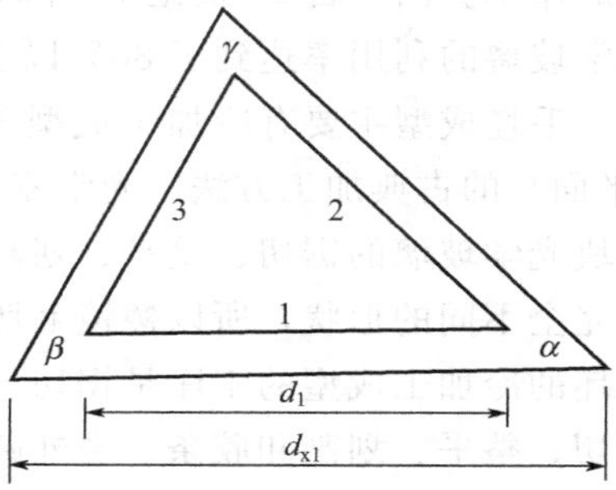

图 5-9　棱镜的毛坯尺寸计算

式中　d_{x}——毛坯的尺寸；

　　　d——棱镜最大允许尺寸；

　　　p_{j}——细磨抛光余量；

　　　p_{z}——粗磨余量。

思　考　题

1. 光学玻璃有哪些工艺特性？

2. 用传统工艺加工一个球面，一般有哪些工艺过程？

3. 传统工艺和机械化工艺各自的特点和适用范围如何？

4. 光学车间有哪些主要特点？安全操作要遵守哪些规定？

5. 光学零件图上 N、ΔN、ΔR、C、B 各表示什么？

第6章 光学零件的粗磨成型工艺

6.1 光学零件的开料成型

6.1.1 光学零件的毛坯成型工艺

光学零件毛坯化对于提高光学冷加工效率，提高玻璃的利用率，降低劳动成本，具有显著的作用。国外自 20 世纪 70 年代以来，光学零件毛坯工艺实现了连续熔炼、滴料成型，使光学玻璃的利用率达到了 80% 以上。

毛坯成型主要有冷加工成型和热加工成型。冷加工成型主要采用锯切、滚圆、开球面（平面）的古典加工方法。光学零件毛坯冷加工成型是根据光学零件的大小和形状，通过对整块光学玻璃的锯切、整平、划割和胶条、磨外圆等古典工艺加工而成。由于棱镜和透镜具有完全不同的形状，所以棱镜毛坯的冷加工成型和透镜毛坯的冷加工成型还略有区别。棱镜毛坯的冷加工成型的工序是锯切、整平、划割和胶条、成型；透镜毛坯的冷加工成型工序是锯切、整平、划割和胶条、磨外圆和成型，由于这种工艺生产效率低，原材料浪费大，所以适合于单件或小批量生产。

光学零件毛坯热加工成型工艺是利用玻璃的热加工性质，将光学玻璃加热软化后，放到一定形状的模具中压制成型，得到所需形状的光学零件毛坯。由于需要根据毛坯形状制造模具，它适合大批量的光学加工。热加工成型有热压成型（二次成型）和滴料成型（一次成型）。热压成型批量生产较冷加工成型成本低，精度高，原材料消耗少，比冷加工成型可节省 1/3～1/2 的玻璃。热压成型的一般光学零件毛坯主要是棱镜和透镜，如图 6-1 所示。热压成型的工艺过程有下料、滚磨、压型、退火、检验等工序。

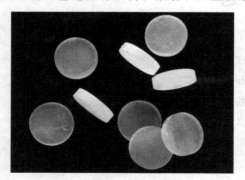

图 6-1 热压成型的透镜零件毛坯

图 6-2 外圆切割机的外形结构图

6.1.2 光学零件毛坯的下料成型

切割是固体材料的连续界面发生规则断开并有序分离，目前主要采用外圆切割、内圆切割等。

（1）外圆切割

外圆切割的主要结构为一高速旋转的铁片圆盘，对玻璃进行高速切割，大多数加工由电气控制，实现半自动加工。特点是零件装夹比较麻烦，对于小块零件很不方便。图 6-2 示出它的外形结构图。

（2）内圆切割

内圆切割机专为切割各种半导体材料的高精度薄片而设计的，也可用于其他行业切割陶瓷、玻璃、宝石、矿石、磁钢等硬度高、脆性大的材料薄片。其主要由机身、主轴、机座、冷却系统、夹具、电气板及防护罩等组成。图 6-3 为 J5060-1/ZF 型微控内圆切割机。

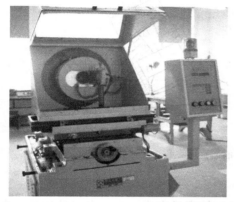

图 6-3　J5060-1/ZF 型微控内圆切割机

J5060-1/ZF 型微控内圆切割机主要参数及规格：

加工最大尺寸	$\phi 60 \times 110$mm
切割薄片最小厚度	0.20mm
步进最大进给量	99.99mm
步进最小进给量	0.001mm
工作台横向切割行程	120mm
工作台纵向切割行程	110mm
主轴转速	2350～3000r/min
主轴电机功率	0.75kW
冷却箱容积	50L
电源	AC380V，50Hz
设备外形尺寸	1012mm×974mm×1400mm

6.1.3　光学零件球面的开料成型

（1）球面铣磨原理

球面铣磨是采用斜截圆原理，用筒形金刚石磨轮在球面铣磨机上加工球面零件。图 6-4 为球面铣磨原理图。球面铣磨时，磨轮轴与工件轴交于一点，两轴的夹角为 α，筒形金刚石磨轮绕自身轴线高速旋转，而工件绕自身轴线慢速回转，则磨轮的切削刃口在工作表面上的磨削轨迹为一球面。

在磨轮一定的情况下，球面半径由式（6-1）决定：

$$\sin\alpha = \frac{D}{2(R \pm r)}$$

（6-1）

式中　　α——磨轮倾角；

　　　　D——磨轮中径；

　　　　R——球面半径；

　　　　r——磨轮刃口圆角半径，凸面取"＋"，凹面取"－"。

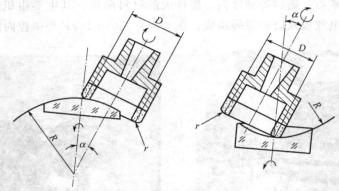

图 6-4　球面铣磨原理图

范成法成型工艺过程如下。

① 按工件直径大小选定机床和磨轮口径。球面铣磨机有小、中、大三种型号，小型机加工直径 $\phi5\sim\phi50$ 球面，中型机可加工 $\phi10\sim\phi150$ 球面，大型机可加工 $\phi60\sim\phi300$ 的球面，金刚石磨轮的主要技术参数是 D 值。D 值的选择原则是在整个铣削过程中必须保持冷却液的流通，可参照式(6-2) 决定：

$$D=0.7\frac{d}{\cos\alpha} \tag{6-2}$$

式中　　d——工件直径。

② 按式(6-1) 计算出 α。

③ 调整机床工件轴和磨轮轴倾角，使之等于 α，方法是偏转磨轮轴。

④ 移动工件位置，调整工件轴中心高度，使磨轮刃口圆弧与工件顶点相切，否则工件表面中央会出现"凸包"。

⑤ 试磨。将工件紧固后，启动电源，打开冷却液开关，待机床运转正常后，再进刀试磨，反复调整 α 角及工件轴中心高度，使工件表面中心不出现"凸包"，并有合格的 R 值。

⑥ 检验试磨件质量，包括 R、表面粗糙度等，合乎要求后才正式铣磨加工。铣磨机装夹工件方法有弹性装夹、真空装夹、磁性装夹、机械装夹等。

（2）铣磨设备简介

球面铣磨机根据功率大小和所能加工零件的直径大小，分为大型、中型和小型。图 6-5 为 XM18 球面铣磨机，该机适用于中小尺寸光学零件毛坯的球面铣磨加工，具有高效、美观、便于操作等特点。

XM18 球面铣磨机主要参数及规格：

最大加工直径　　　　　　$\phi80mm$；

磨头轴转速　　　　　　　8000r/min、12000r/min；

主轴转速　　　　　　　　16r/min、20r/min；

图 6-5　XM18 球面铣磨机

主轴行程	(50 ± 5)mm；
磨头座旋转角度	$0\sim45°$；
总功率	1.2kW；
外形尺寸	1210mm×980mm×1380mm；
重量	约 650kg。

6.2　球面零件的粗磨

6.2.1　粗磨及其要求

（1）粗磨

将玻璃加工成透明的光学表面，无论采用传统工艺还是机械化工艺，均需要经过三大基本工序：粗磨、细磨（精磨）、抛光。

粗磨是将玻璃块料或型料毛坯加工成具有一定几何形状、尺寸精度和表面粗糙度的工件的工序。按国内一般情况，粗磨工序是包括毛坯加工分工序的，而狭义的粗磨是仅指在已基本成型的毛坯上研磨表面，使其表面形状（如球面半径）和表面粗糙度满足下一步上盘细磨要求的那一部分工作。这里所述粗磨则指较广的范围，即从由块料加工毛坯开始，因此它所包含的分工序相应地要比成型毛坯的多一些。

（2）粗磨的要求

粗磨的要求随零件的种类不同而不同。

对于球面零件，粗磨加工的要求是一定的曲率半径、中心厚度、中心偏差不超过某一范围；完工后的表面粗糙度要求达到 $Ra=3.2\mu m$，相当于旧标准光洁度等级为 $\overset{3.2}{\triangledown}$。

对于平面零件，粗磨加工的要求是一定的角度、厚度、外形尺寸；完工后的表面粗糙度一般应比球面零件的要求高一些。

6.2.2　粗磨工艺的机床、磨具、设备与辅料

（1）粗磨机床

① 粗磨机　如图 6-6 所示，该机床由一电机通过皮带驱动主轴转动，主轴上装有平模或球模，主轴转速可以利用塔轮变速，研磨时可根据工件加工余量的大小，向平模或球模添

加不同粒度的磨料与水的混合物，玻璃的磨除量和表面凹凸层与磨料粒度、磨料种类、磨料供给量、机床转速及压力等因素有关。图 6-6（a）有四个主轴，则称四轴研磨机，图（b）有六个主轴，则称六轴研磨机。

(a) 四轴研磨机　　　　　　　　　　　(b) 六轴研磨机

图 6-6　粗磨机

② 高速透镜磨抛机　　图 6-7 所示为 SHB04 型四轴高速透镜磨抛机，该机床由 4 个主轴及对应的压力头组成工作系统，采用两轴一控制及气动的加工原理，极大地提高了加工效率和工作面精度。摆臂运动轨迹是曲柄带动的椭圆运动又转换为圆弧运动，回转向是主轴为逆时针方向和摆臂为顺时针方向运动。工作时首先调整研磨磨具、镜片架、上镜片的位置，调整摆的位置及铁笔长度，手动空气阀，进出运动，容易使摆臂调整起来。调整计时器为研磨时间，计时器调整应在失电状态下运行，调整研磨磨具上的镜片，用手动阀使空气加压在摆臂上。启动电源，调整研磨液流量，研磨到设定时间，主轴及摆轴会自动停止，手拉阀拉出，摆臂抬起，镜片容易取下。

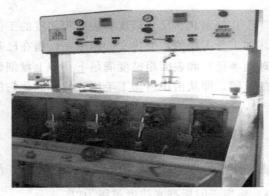

图 6-7　SHB04 型四轴高速透镜磨抛机

SHB04 型四轴高速透镜磨抛机主要参数及规格：

主轴部分

轴间距离　　　　　　　　210mm；

主轴转速　　　　　　　　500r/min；

轴端结构　　　　　　　　M20。

摆轴部分

转速	40 次/min；
运动轨迹	椭圆运动；
摆　幅	0～60mm；
摆臂压力	2～28kgf；

电动机

主轴电机	0.75kW　380V 50Hz　2 台
摆轴电机	0.37kW　380V 50Hz　2 台

WPO50 蜗轮减速机 2 台

（2）粗磨磨具

粗磨磨具包括加工用的研磨模、倒角模和装夹粘结用的粘结模。加工模具又称工具，多用铸铁制造；粘结模又称夹具，常用铝合金或铸铝制成。按其外形可分为球面和平面两类，各种球面模具的主要差别在于球面半径精度和模具的矢高，不同模具原则上不能通用。平面模具的主要指标是其口径大小，通用性较大。各类模具外形如图 6-8 所示。

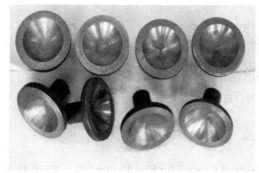

(a) 凸面研磨模　　　　　　　　　　(b) 平面研磨模

图 6-8　平、凸面研磨模

（3）辅助设备

如胶条直角靠模，粘结所用的加热装置等。

（4）粗磨量具

根据粗磨精度情况，量具使用范围如下。

① 钢尺　用于划线、切料、核料、测量。

② 分厘卡　0～25mm 规格，用于凸透镜中心厚度测量；25mm 以下的外圆及棱镜尺寸测量，加装测量头还可测量凹透镜的中心厚度；25～50mm 规格，用于 25～50mm 各种外圆尺寸、棱镜尺寸测量。

③ 游标卡尺　用于零件直径、长度、高度、内径等大于 50mm 的尺寸测量，如图 6-9 所示。

④ 百分表　测量零件深度、平行度、凹透镜中心厚度。

⑤ 角尺　包括直角尺、调整角尺（角规）、万能角尺，用于测量零件角度，是棱镜加工的必备量具。

图 6-9　游标卡尺

⑥ 刀口尺　用于检验平面零件的平面性，如图 6-10 所示。

图 6-10　刀口尺

以上量具校正时应用三级块规。

（5）粗磨磨料

粗磨磨料最常用的是金刚砂，其主要成分为 Al_2O_3、SiO_2、Fe_2O_3 等，系天然矿物产品。

磨料生产中，对于粗细不同的磨料是用其粒度来表示的。按国家标准规定，对用筛选法获得的磨料粒度号用 1 英寸长度上的筛孔数命名，如 $60^\#$、$80^\#$、$120^\#$、$280^\#$，号数越大，磨料越细；较细的磨料用水选法分级，以实际尺寸命名粒度号，如 W40、W28、W20 等，号数越大，磨料越粗。由于各种粒度的磨料实际上是一群粒径在一定范围内的混合体，因此，对磨料的质量还要求要有一定的粒度均匀性。

（6）粘结材料

用于粘结零件，是一种零件粘结和装夹辅助材料。常用的有用柏油和松香按一定比例配合熬制成的火漆、松香和黄蜡配制的粘结胶等。其主要指标是针入度和软化点。软化点越高，针入度越小，胶则越硬。对于粘结胶，软化点约为上盘温度，而适宜使用的室内温度则应低于此值，粘结胶软化点应大于 80℃。图 6-11 所示为粘结胶材料。

6.2.3　球面零件粗磨工艺过程

球面零件粗磨工艺过程根据所用毛坯的类型及加工方式的不同而不同。

（1）块料毛坯

传统工艺下的球面零件粗磨工艺过程，可由下列工序构成：

图 6-11　粘结胶材料

① 锯料（切割）　按零件毛坯尺寸进行锯切；

② 整平　磨去锯切时留下的不平痕迹；

③ 切片（或割方）　按零件直径毛坯尺寸切片割方；

④ 胶条　按零件厚度方向胶成长条；

⑤ 滚圆　用手工方法将胶条磨去棱角再滚磨成圆柱，或装在专用机床上直接按尺寸要求磨外圆；

⑥ 拆胶、清洗　胶条拆开获得若干单个圆形玻璃片；

⑦ 磨球面（俗称开 R）　将圆片平表面按图纸要求磨成球面；

⑧ 倒角　磨去锋利的边缘；

⑨ 清洗送检。

（2）型料毛坯

型料毛坯一般是已具有圆片形状的玻璃料或是热压成型的球面玻璃料两种。对于型料毛坯一般是采用机械化工艺加工，其工序过程有：

① 型料检验　型料是一定质量的光学玻璃经热加工后的产品，其理化性质常有改变，因此用料时，一定要按图纸要求逐项检验，合格方可使用；

② 上盘　将型料上刚性盘装夹；

③ 铣磨球面　用金刚石磨轮在铣磨机上进行铣削形成球面；

④ 粗磨修整　这一工序主要用于部分机械化工艺中，即成盘铣磨好的球面零件，下盘后要单只粗磨修整并倒角，方能送古典式细磨加工。

6.2.4　主要工序操作方法

（1）锯料（切割）

锯料的目的是将大块料锯切成小块或片状，以利于下道工序加工。可按以下步骤完成。

① 选料　根据图纸上对材料提出的各项指标要求，认真细致地选择，不可出错，稍有差错，加工后即成废品，既费工又费料，因为以后各道工序一般不再检查，也很难检查。

② 划线　划线的尺寸是图纸上零件要求的名义尺寸、总的加工余量与锯缝宽度三部分之和。

③ 锯切　在泥锯上锯切，先检查机床是否正常，砂桶内有无合适的砂浆，工作台是否可靠。然后开动机床，手持玻璃沿靠板缓缓推进切割。对较薄的玻璃块，为防止最后崩边，

可预先胶上一块保护玻璃再行切割。

若在金刚石锯片切割机上切割，先按操作说明书检查机床是否正常，锯片装夹是否紧固，冷却液是否流通。然后装夹玻璃，调整好位置，开动电机自动切割。

④ 锯切操作注意事项

a. 锯片不平直时，应先调整平直，轴上安装要正确、可靠；

b. 进料时，应对准锯缝，锯片和玻璃接触线不应过长，并应从玻璃边缘开始切割；

c. 用手握住玻璃时，不应有上下与左右方向的跳动，切割开始与结束时用力要轻，以防崩边；

d. 锯大的玻璃块料时，切到中间应调转 180° 再切；

e. 锯下的余料，必须即时重新打印或者用玻璃铅笔写上原来的牌号及有关质量指标，以防止以后不可辨认而成废料。

（2）整平

整平的目的是磨平锯切时留下的不平痕迹及破口，以保证零件平行度，控制尺寸，提高表面光洁度，也有手工整平与机械整平两种方法。

① 手工整平方法　　手握工件，使其在铸铁研磨盘上沿椭圆形路线运动，运动方向应与磨盘转动方向相反，同时加砂加水。研磨时需要多磨的地方应加大压力，如在凸出部、形块的厚端部，或者让需要多磨的部位在磨盘的边缘部分停留的时间较长些。

② 机械整平　　用平面磨床进行磨平，或者用铣磨机床铣平，一般是多块成盘加工。

③ 整平操作注意事项　　手工整平时，要防止在工件上加压不匀造成工件表面成凸起的弧形。正确的加压方法是使工件始终贴紧磨盘表面运动，同时不可一次加压过剧，应从厚到薄逐渐过渡。

（3）划方

划方是传统工艺中，加工小尺寸球面零件时常见的工序方法。对于较薄（<10mm）的整平毛坯，不用锯切方法而是用金刚石玻璃刀划方。使用金刚石玻璃刀划方的要点如下：

① 选择号数合适的金刚石刀，玻璃厚时，相应的金刚石刀的号数要大；

② 走刀时，切削刀刃加力要合适（约 2kg），应与玻璃表面成一定倾角，走刀过程中不能停顿断线；

③ 划痕不能重复、交叉；

④ 工作台面要平，玻璃较厚时，刀路上应涂上煤油，$d>10$mm 时，划后用小锤轻轻敲击划痕背面，使之开裂；

⑤ 分玻璃时，厚度 $d<10$mm 时，划后直接用手分开。

（4）胶条

单个零件磨出圆柱面比较困难，也不易保证没有锥度。为了提高精度和效率，常将规格相同的一组划方玻璃按厚度方向胶成长条，再进行磨外圆。胶条长度不应超过平模直径的 1/2，一般是 70～150mm，两端加保护玻璃。工艺操作中是先加热方玻璃片，然后涂上胶，再直角靠模上胶条。

胶条工艺操作注意事项：

① 加热温度不宜过高（<100℃）；

② 热的零件不要放在铁板上冷却；

③ 大的零件不要放在通风处；

④ 两手干燥并要戴工作手套；

⑤ 胶条不能立即进冷水冷却。

（5）滚圆

滚圆的目的是加工出符合要求的光学零件侧圆柱面，常用方法有三种。

① 手工方法　手工滚圆的优点是设备简单，缺点是圆度精度低，效率不高。

a. 将胶条在平模上相继磨成四方、八方、十六方，然后滚圆。

b. 为了提高圆度，当滚圆余量在 0.4～0.6mm 时，进行转胶，其方法是在圆柱面上划一直线，经加热后使工件相互错开一角度，再放到 90°槽中挤正，冷却后再滚圆到规定尺寸，转胶次数越多，圆度越好。

c. 为了提高圆度和圆柱度，最后留下 0.1～0.2mm 余量时，在 V 形槽或半圆槽中用木板加砂搓圆。

② 机械方法

a. 将胶条安装在外圆磨床上进行铣磨外圆，如图 6-12 所示。

b. 将胶条安装在外圆铣磨机上铣外圆，如图 6-13 所示。

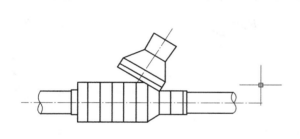

图 6-12　筒形砂轮铣磨外圆

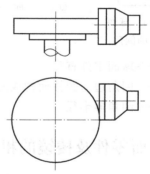

图 6-13　大工件外圆铣磨

③ 半机械法　先用空心钻头把玻璃套下来，然后胶成条修磨外圆达到要求为止。

（6）拆条、清洗

对于球面毛坯，清洗后送下道工序磨球面（俗称开 R）。对于一般平面零件，进行倒角后送细磨工序。

（7）磨球面（开 R）

这是球面光学零件的第一次成型加工，磨球面工艺的要求除加工出符合粗磨图纸上规定的球面半径值外，还应该控制偏心差，并使加工面具有一定的粗糙度。同样，磨球面也有手工与机械两种方法。

① 手工法磨球面　用手工法磨球面是指用散粒磨料单件手工粗磨球面的方法。

a. 研磨盘以速度 ω_1 做逆时针方向转动，工件用手指按住（较小的工件可以用一木棒粘上），沿磨盘表面上下移动。为防止产生较大偏心差，工件还要依靠大拇指的推动，不断围绕自身轴线以速度 ω_2 转动。

b. 粗磨球面一般要用从粗到细的三道磨料加工，每一号磨料应有相应曲率半径的粗磨球模。第一道磨料要根据单件矢高的大小，选择不同的粒度（矢高大于 1mm 时用粒度 180°

磨料；矢高为 0.4～1mm 时用 $200^{\#}$～$180^{\#}$ 磨料，矢高小于 0.4mm 的，用小于 $200^{\#}$ 的磨料）。第二道选用 $280^{\#}$ 磨料，第三道选用 W40（或 W28）磨料。

c. 为控制偏心和检验厚度，磨完第一道磨料后应留出具有一定尺寸的检验环（凹球面）和检验点（凸球面），观察检验环是否对径等宽分布、检验点是否位于中心来判断偏心的程度，磨完第二道磨料的中心厚度大于粗磨完工尺寸约 0.1mm，第三道磨料则磨到粗磨完工尺寸。

d. 为保证加工面质量，每一道磨料磨完后要将工件与机具进行彻底清洗。

② 铣磨球面方法　型料毛坯上刚性盘（圆片毛坯采用一定的装置装夹），在专用球面铣磨机上以范成法成型球面。这种加工方法可大大提高效率，降低劳动强度。工件以低速 ω_2 转动，轴线与工件主轴的倾角 α 的筒形金刚石磨轮以高速 ω_1 向相反方向旋转，并对工件进行铣削，其瞬时轨迹为一斜截圆，在一个加工周期内许多斜截圆的包络面形成一个球面，这种利用磨轮刃口轨迹包络面形成球面的加工方法称为范成法。这种方法在前面已进行了介绍。

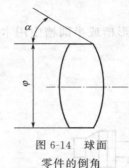

图 6-14　球面零件的倒角

（8）倒角

单件粗磨加工后的球面零件，特别是在采用散粒磨料的传统工艺中，粗磨的最后一道工序是倒角，磨去粗磨留下的锋利边口，如图 6-14 所示，倒角用倒角球模，其曲率半径 R_d 按式(6-3) 选择：

$$R_{d}=\frac{\varphi}{2\cos\alpha} \tag{6-3}$$

式中　φ——球面零件直径；

α——倒角边与圆柱面构成的夹角；

R_d——倒角模半径。

6.3　平面零件及棱镜的粗磨

6.3.1　平面零件的粗磨

对于具有一个侧圆柱面的一般平面零件，如分划板、度盘、平面平晶、平行平晶等，传统工艺一般的工艺过程类似于球面零件的粗磨工序，不同之处是无需磨制球面。平面零件粗磨表面质量比球面的要求高，应比球面零件多磨一道细一号的砂，同时要修改两表面的平行性。

用散粒磨料粗磨平面时，第一道砂根据工件的加工余量的不同，选用不同的粒度，用粒度小于 $180^{\#}$ 的砂研磨后，厚度余量应比粗磨完工尺寸至少大 0.5mm；用 $180^{\#}$ 砂研磨后留余量 0.3mm 以上；用 $240^{\#}$ 砂磨后留余量 0.25mm 以上；用 $280^{\#}$ 砂磨后留余量 0.1mm；最后用 W40（或 W28）砂磨到粗磨完工尺寸，粗磨完工的工件表面以中间略凹些为好。

粗磨时检验工件和平模的平面性用刀口平尺，根据平尺刃口下是否漏光的情况来判断面型。检验前应将表面擦净，平尺放到工件上后不要来回拖动，以免使平尺刃口被磨损。

（1）散粒磨料多片加工

工件尺寸小于 150mm 时，可采用多片成盘加工工艺。具体操作过程是利用熟石膏 $(CaSO_4 \cdot \frac{1}{2}H_2O)$ 掺水后能很快凝固的特点，把被加工零件固定成镜盘的方法，称为石膏上盘工艺，如图 6-15 所示。

图 6-15　用散粒磨料成盘粗磨平面

（2）散粒磨料单件加工

工件尺寸大于 150mm 时，应用小平模粘结单件加工，如外圆较规则，可不必粘结，装在套模内加工即可，如图 6-16 所示。

图 6-16　用套模装夹磨平面

6.3.2　棱镜的粗磨

棱镜是由几个互成一定角度的平面组成的光学零件，所以它的加工要求，除了表面光圈数 N、局部误差 ΔN、表面疵病 B 等光学表面共同的要求外，还有角度精度要求，而它的粗磨工艺过程与磨削平面类似，基本上是整平和改角度两大内容，以改角度为最大工作量。

棱镜的角度误差包括两项，即光轴截面内的角度误差和与该截面垂直的平面内的角度误差。以等腰直角棱镜为例，光轴截面内的角度（即两个 45°角和一个 90°角）的误差称第一平行差，用 θ_1 表示；与该截面相垂直的平面内的角度误差称为第二平行差，用 θ_2 表示。如图 6-17 所示，令 ABC 面为光轴截面，由于存在 CC' 棱向误差，$AA'C'C$ 平面和 $BB'C'C$ 平面不再和 ABC 面垂直。AA' 棱、BB' 棱和 CC' 棱将在远处某点相交，形成尖塔差。对于像等腰直角棱镜这类的三棱镜，某一指定棱和所对工作面的夹角称为 A 棱差，记为 γ_A（或 π）。可以证明，图 6-17 中，$\theta_1 = 1.4\gamma_A$。

因此，对棱镜的粗磨改角度必须同时保证两个不同类型的角差。方便的方法是选定一个基面，使各棱面在修磨过程中同时和基面垂直情况下，修改光轴截面内的角度。如图 6-17 所示等腰直角棱镜，一般选取侧面即 ABC 面作基面。

（1）棱镜的单件加工

单块棱镜的粗磨一般用散粒磨料的传统工艺进行，主要工艺过程如下（以直角棱镜为例）：

① 按图纸要求选料；

② 按棱镜两侧面之间厚度尺寸用金刚石锯片或泥锯锯取块料；

③ 将两锯割面整平、磨四方，再切成八块，如图 6-18 所示；

④ 粗磨角度，在铸铁研磨模上加金刚砂和水进行研磨。砂的粒度号可以从 $80^\#$ 或 $160^\#$ 开始，到 $280^\#$ 或 $320^\#$ 结束。

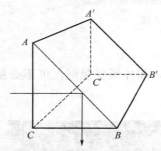

图 6-17　棱镜的棱向误差

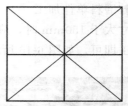

图 6-18　四方平板切成八块直角棱镜毛坯

（2）棱镜的批量粗磨加工

在大量生产中，棱镜通常是使用型料毛坯（用热压或模铸成具有棱镜基本形状的毛坯），采用金刚石工具铣磨角来完成粗磨加工的。这种方式的工序少，批量大，关键是要有合适的型料与专用的棱镜铣磨机。棱镜中等批量生产一般使用块料。其粗磨工艺如下（仍以直角棱镜为例）：

① 按图纸要求选好料后，采用金刚石锯片在切割机上将块料切割成小方块（也可用泥锯切割）；

② 胶条，先准磨一个角度，用万用角尺检验，如图 6-19 所示；

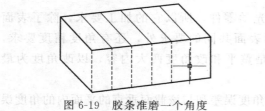

图 6-19　胶条准磨一个角度

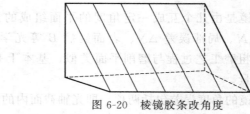

图 6-20　棱镜胶条改角度

③ 把玻璃条用粘胶粘在钢板上，然后将其移到铣磨机上用金刚石磨轮铣磨到一定高度；

④ 取下钢板，以磨过的面作粘结面再次将方块粘到钢板上；

⑤ 铣磨第二面，使之达到一定高度，并和第一面平行；

⑥ 按要求铣割出棱镜外形；

⑦ 装到夹具中修磨角度，测量胶条两端厚度尺寸是否相等，可以容易地保证尖塔差在一定限度内，如图 6-20 所示。

思　考　题

1. 散粒磨料粗磨球面的工艺过程有哪些工序？
2. 泥锯手动切割玻璃时的注意要点有哪些？
3. 工件在研磨盘上研磨时应做何运动？为什么？如何改平行度？
4. 如何识别研磨模、粘结模、倒角模？
5. 散粒磨料成形球面要领有哪些？如何保证偏心差？
6. 棱镜改角度时注意要点有哪些？
7. 球面铣磨机能否铣平面？如何调整？

第 7 章　光学零件的细磨（精磨）工艺

7.1　概述

7.1.1　细磨工艺及其要求

粗磨完工的零件表面是比较粗糙的，其几何形状也与图纸要求差距较大，还不能用来进行抛光加工，为此，零件的粗磨工序完工之后，还必须设置细磨工序。其目的有两个：一是通过细磨工序将零件的表面粗糙度提高到 0.8（$Ra = 0.8\mu m$）左右，相当于旧标准光洁度等级 $\overset{0.8}{\nabla}$；二是使零件几何形状更加精确，面形更为完善。所以细磨是粗磨与抛光之间的一道中间工序，也是不可少的基本工序。

鉴于以上原因，细磨工艺过程并无严格的界限，通常是指从 $280^{\#}$ 或 $320^{\#}$ 到 W14、W10 等粒度的散粒磨料的加工。有的地方，特别是采用金刚石丸片加工的机械化工艺场合，通常把粗磨与抛光中间的工序叫精磨工序，其作用与要求与上述细磨相同。为便于区分，以下把这一工序中用散粒磨料加工的叫细磨，用金刚石工具加工的叫精磨。

7.1.2　细磨工序的特点

① 细磨完工后工件表面粗糙度低，凹凸层深度接近抛光剂颗粒尺寸，面型基本接近图纸要求，角度用测角仪检测应基本无误差。

② 细磨工序只要零件结构允许，多是成盘加工。必须指出，如果采用机械化工艺，用金刚石磨轮铣磨、金刚石丸片细磨的方式，则往往在粗磨前即应完成成盘工作。

③ 细磨所用机床、工具应较粗磨时精密，特别是平面研磨模、球面研磨模等，必须经过反复修改、试磨、检验符合要求后才能使用。

④ 对清洁工作的要求更高，粗砂绝对不可带入细砂。为此，每道砂后都必须对工件、磨具、机床台面进行清洗。细磨完毕后，要求用皂液做更精细的清洗。

7.1.3　胶黏剂、磨料、金刚石丸片与磨具

（1）胶黏剂

胶黏剂是上盘用的主要辅助材料。主要的一种是以柏油、松香为基本成分，添加滑石粉等填料的粘结火漆。各种成分的比例按室温高低不同而异。

对胶黏剂的要求有：

① 粘接力大，应力小；

② 下盘容易，易于清洗；

③ 与光学玻璃不起化学反应；

④ 具有一定硬度，加工过程中不易变形。

胶黏剂的主要技术指标是针入度、软化温度。针入度反映胶的硬度。当松香比例、滑石粉比例上升时，胶的硬度上升，软化点也上升。

胶黏剂的选择原则是：

① 零件大，胶要软些；

② 成盘粘结硬些，保证零件相互之间不走动；

③ 零件厚度大，胶可硬些，反之软些；

④ 室温高，胶用硬些，反之软些；

⑤ 转速高，胶用硬些，反之软些。

制作胶黏剂的过程：先分开熔化柏油、松香并过滤，然后按使用要求配比混合搅拌，最后再加入填料，搅拌均匀用纱布过滤，成型包装待用。熬制时加热温度必须控制在170℃以下。过高，将使轻组分过分挥发，使胶发脆，质量下降。适当地保温可以改善胶的物理特性。

（2）磨料

磨料是光学玻璃加工时的切削物质。细磨工艺中常用的磨料有金刚石微粉、刚玉粉（成分为 Al_2O_3）、碳化硅、金刚砂（主要成分为 Al_2O_3、SiO_2、Fe_2O_3）和石英砂。金刚石微粉硬度大，刚玉粉次之，碳化硅常制成砂轮使用，石英砂价廉易得，但硬度低、效率低。最常用的金刚砂，是一种石英矿石经粉碎、筛选后所得的磨料。

（3）金刚石丸片

金刚石丸片是利用结合剂将金刚石微粉结合而成的一种新型的成型细磨磨具，如图 7-1 所示。

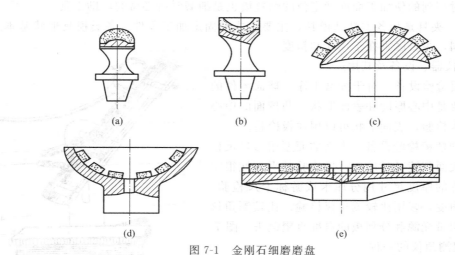

图 7-1　金刚石细磨磨盘

（a）（b）用于小半径；（c）（d）用于较大半径；（e）平面细磨盘

金刚石细磨丸片的主要特性参数是粒度、浓度、结合剂和外形尺寸，常用粒度为 W14 左右，浓度为 50% 以下，结合剂一般为青铜。

7.1.4　细磨机床、设备和检验器具

（1）细磨机床

细磨工序的机床可分为两大类，采用散粒磨料的细磨机床和采用金刚石丸片的高速透镜细磨机。

① 采用散粒磨料的细磨机床，如图 7-2 所示。这类机床的特点如下。

a.切削方式以磨削为主。装在主轴上的镜盘（或磨具）和由摆架拖动的磨具（或镜盘）

图 7-2　传统工艺细磨机床

进行相对运动（旋转和摆动）形成磨削加工。主要参数是加工的镜盘最大直径和主轴数。

b. 采用机械传动方式。这种机床常用一台功率为 1kW 左右的电机驱动，机床主轴和摆架先经过两级三角皮带减速，再借助摩擦盘变速机构和塔轮皮带传动配合，可进行无级变速。

c. 主要组件。细磨机床的主要组件是主轴和摆轴。主轴上端安装模具部分具有锥度（也有的是螺纹）以便和磨具紧密连接。摆轴和摆架相连，可调节摆动幅度和偏心度。摆架上安装有摆动拨针（铁笔）用以拨动模具。

② 高速透镜磨抛机　该机床由 4 个主轴及对应的压力头组成工作系统，采用两轴一控制及气动的加工原理，极大地提高了加工效率和工作面精度。该机床在前面已进行了介绍。

（2）工装夹具、检测仪器和设备

① 细磨的主要工具是各类研磨模具，包括平面磨具、球面磨具和分离器等。前两类常用铸铁制成，后者一般用玻璃做成。对于研磨工具的主要要求是面型（球面度和平面度），主要参数是工作面半径和磨盘口径。高精度加工用的光胶玻璃立方体（方砖）也可以认为是一种细磨工具，因为它不仅起固定零件的夹具作用，也是保证零件获得高精度面型和角度的器具。上盘时用到的使加工面准确定位的贴置模也是细磨时所必需的辅助工具。

② 夹具　夹具是指各类粘结模具，主要功能是固定加工零件。各类模具形状基本上和粗磨模具相同，主要区别在于尺寸和精度。

③ 检验仪器、设备及其用途

a. 球面用检验设备　对于细磨工序，球面零件的检验项目主要是中心厚度和表面形状。凸球面的中心厚度用分厘卡检验，表面形状可以用样板检验。

b. 平面和棱镜检验设备　平面的面型用刀口尺检验，特别在大面积镜盘时用刀口尺检验其平面性很实用。平面零件的厚度尺寸用分厘卡或游标卡尺检验。对于棱镜的角度，多用比较测角仪检验。比较测角仪实际上是一架带光源和分划板的自准直望镜头。图 7-3 所示为比较测角仪的一种。

光源发出的光束经半透半反板 5 后照亮分划板。来自分划板上一点的光束经自准直望远镜 3 的物镜后成为平行光束，并入射到被测平板玻璃上。由前后表面分别反射回来，得到两束夹角为 φ 的平行光，如图 7-4(b) 所示。最后自准直望远镜的视场里见到两组互相分开的分划像，如图 7-4(c) 所示。如平板玻璃的不平行度为 θ，自准直望远镜视场中对应的角值为 φ，则有：

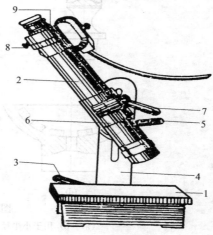

图 7-3　比较测角仪

1—工作台；2—自准直望远镜；3、5、7—锁紧手柄；4—立柱；6—夹镜箍；8—分划板调节螺钉；9—自准直目镜

$$\theta = \frac{\varphi}{2n} \tag{7-1}$$

式中　n——被测平板玻璃的折射率。

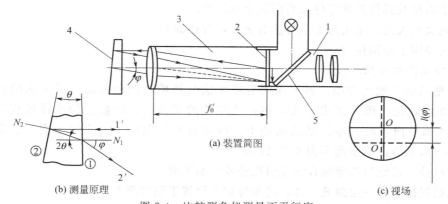

图 7-4　比较测角仪测量不平行度

1—自准直目镜；2—分划板；3—自准直望远镜；4—被测平板玻璃；5—半透半反板

大多数自准直望远镜的分划板上标注的角度值都是实际值的一半，所以这时可在分划板上读得两像分开的角度距离 φ，则被测平板的不平行度 θ 为

$$\theta = \frac{\varphi}{n}$$

光学测角仪通常称为比较测角仪，如图 7-3 比较测角仪，它由自准直望远镜和工作台组成。只要松开手柄 3、5、7，即可把自准直望远镜的光轴在垂直平面内调节到任意位置。

7.2　上盘与下盘技术

上盘是细磨（精磨）加工前的一道关键工序。无论用哪一种方法加工，无论是单件或多件加工，一般都要先上盘，即把零件按一定要求固定在粘结模上。固定的方式有用胶粘结的，也有不用胶粘结而依靠分子吸引力固定的（光胶）。

对于单件上盘，只是要求把零件无偏心地固定在粘结模上。对于多件上盘，则要求：①所有零件在镜盘上加工面一致，即要求球面镜盘上所有零件的加工面位于同一球面上，如果是平面镜盘，则要求所有加工面处于同一平面内；②零件在镜盘上的排列必须符合可排片数多和磨损均匀的原则，由于机床功率限制和球面半径的约束，每一镜盘上所能排列的镜片数量有一极限值。另外，由于镜盘增大，均匀磨损困难程度也随之增大，所以每一镜盘上也不是排列的片数越多越好。因此，上盘以前必须进行镜盘设计，确定采用镜盘的排列方式和尺寸、所用粘结模的尺寸等，然后方能进行上盘操作。

上盘方法种类很多，依零件的外形结构、加工精度、批量大小而有不同选择。常用方法有弹性上盘、刚性上盘、石膏上盘，光胶上盘、浮胶上盘等。传统工艺中以弹性上盘法最为普遍。

下盘指的是将零件从镜盘上取下，其方法随上盘技术的不同而不同。

7.2.1　弹性上盘与下盘技术

弹性上盘法广泛用于传统工艺，尤其是多品种、小批量零件的生产中，其方法是用较厚的胶黏剂层把零件粘接在粘接模上。由于所用胶层厚，因此对所用粘结模形状精度、粘结模尺寸和零件之间的配合、零件厚度的差异性等的要求不那么苛刻，特别有利于透镜、中等精度棱镜、平面镜及其他形状零件细磨前的上盘工作。

胶黏剂又叫火漆，用火漆上盘方法有多种，分述如下。

（1）火漆团上盘操作过程

① 零件清洗后预热。

② 在粘结面上做火漆团。做火漆团有手工法与槽模法两种方法。手工法的操作过程是将火漆加热软化，用手搓成小团，粘在已加热的零件上。槽模法的操作过程是将火漆熔化，倒入槽模内，再将零件粘结面贴上，冷却后开槽取出。火漆层厚度一般为零件直径的 0.05～0.1 倍，但最薄不得小于 1mm。

③ 用汽油、乙醚与乙醇混合液先后擦洗零件加工面。

④ 在贴置模上涂一层薄凡士林，将零件加工面置于贴置面上。

⑤ 将粘结模加热到能熔化火漆的温度，然后放在零件的火漆面上，并适当加压，待胶层到一定厚度时，停止加压，放进 30℃ 左右的水中冷却。

⑥ 待火漆硬化后，取下贴置模，镜盘即形成，清洗后即可进行细磨抛光，如图 7-5 所示。

在球面加工中，用弹性法上盘必须注意防止上盘偏心，即零件在粘结模上不是对称分布。

（2）火漆条上盘操作过程

即火漆在零件粘结面上成条形，而不是整团的上盘工艺，它适用于棱镜、平面镜、楔形镜等方形或圆形零件的上盘，其操作过程如下。

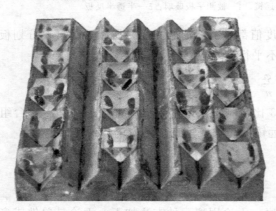

图 7-5　弹性上盘待加工的工件

① 将零件在电热板上预热到 40℃ 左右，用酒精灯将火漆条粘结部位加热熔化，立即贴在零件粘结面上，待其自然冷却。

② 分别用汽油、普通乙醇擦净零件待加工表面和贴置模，在贴置模上涂一层薄而均匀的黄油或工业凡士林。胶棱镜时应在贴置模上划线，以保证上盘零件的位置准确。

③ 将零件均匀、对称地贴在贴置模上，并在贴置模边缘均匀对称地放置木垫条。木垫条的厚度，在棱镜上盘时应保证棱镜加工面高出粘结模 2～2.5mm；在平面镜上盘时，应保证火漆层厚度为 1～2.5mm。

④ 将粘结模加热到能熔化火漆的温度，准确地放在贴置处的零件上，使其自然冷却。

⑤ 平行地取下镜盘，用刀口尺检查平面性，中间应微弱透光，如图 7-6 所示。

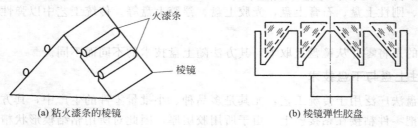

(a) 粘火漆的棱镜　　　　　　　　　　　　　　　(b) 棱镜弹性胶盘

图 7-6　火漆条上盘工艺

（3）点子胶上盘工艺

对于平面性和平行度都要求较高的工件，如大平面镜、薄形及易变形零件，常用点子胶工艺上盘。这种方法不仅省胶，还可减少工件受到的应力。胶在零件粘结面上的分布是呈点子状均匀分布，上盘操作过程与火漆方法相同。

以上方法都是采用火漆粘结工件的，下盘时只需加热粘结模，待火漆软化后即可取下零件，冷却后清洗。

7.2.2　刚性上盘与下盘技术

弹性上盘工艺简单易操作，但胶层较厚，且其值不能预先精确规定，故不能用粘结面定位，需用贴置模作为各种零件在镜盘上的定位工具。

刚性上盘是用比较薄的一层粘结材料将零件粘结在粘结模上的一种方法，这种方法可用粘结面作为定位面。零件在镜盘上排列的位置和弹性上盘相似，不同的是粘结模上应预先制有透镜座，其形状、深度和直径应控制在一定的公差要求内。当上盘粘结强度较高时，还可承受高速高压磨削。此外，对于用金刚石工具加工的新工艺，刚性上盘一般在粗磨前进行。

由于刚性上盘以粘结面作定位面，故刚性上盘不需要贴置模，但刚性上盘的粘结模精度要求高，必须专门设计与制造，通用性很差，只适用于大批量、单一品种零件的生产工艺中。

刚性上盘工艺操作步骤比弹性上盘大大简化，主要有：零件清洗—零件与刚性模分别加热—放粘结材料在刚性模的工件承座内—搁上零件略加压—自然冷却。刚性上盘镜盘如图7-7所示。

图 7-7　刚性上盘

刚性镜盘采用粘结纸上盘时，下盘只需略微加热一下即可方便地取下零件。

7.2.3　石膏上盘与下盘技术

利用熟石膏（$CaSO_4 \cdot \frac{1}{2} H_2O$）掺水后能很快凝固的特点，把被加工零件固定成镜盘的方法称为石膏上盘工艺。它适用于加工中等精度的棱镜、厚度较大的平面镜及其他形状复杂不易配制工装的零件。用石膏镜盘加工的零件角度精度一般可达 $1' \sim 3'$，光圈可达 $1 \sim 0.5$。

（1）石膏上盘的操作过程

① 分别用汽油、普通乙醇擦净零件待加工面和贴置模。

② 贴置模边缘放上厚度为 $2 \sim 2.5$mm 的垫圈或垫条。

③ 在零件的间隙处撒上一层锯末或灌上蜡，然后放上石膏外圈及底模。

④ 将石膏和水泥按比例配好（一般石膏与水泥的体积比为 3：1～4：1），搅拌均匀，加水拌成石膏浆，然后通过底模上的圆孔向内灌注，灌好后在底模上荷重 8～15kg，停放 5～10h，待石膏凝固。细磨前，将石膏盘从贴置模上平行取下，去掉锯末或用小刀刮去蜡层，使零件高出 2～2.5mm。

图 7-8　棱镜的石膏上盘

⑤ 清洁镜盘表面，用刀口尺检查平面性，中间应微弱透光。

⑥ 在零件的间隙处涂上保护层（一般涂石蜡或虫胶漆）。棱镜的石膏上盘如图 7-8 所示。

（2）石膏上盘应注意的问题

① 石膏上盘时，在石膏中加入水泥可以减少体积的膨胀和加速硬化。但欲改变石膏的凝固时间时，可以使用缓凝剂（如石灰等）或速凝剂（如硫酸钠、明矾、肥皂），其加入量约为石膏重量的 0.5%～22%，也可用水温来调节其凝固速度。

② 为了减少石膏盘的变形，可在石膏中加入一些 W20 号金刚砂、熟石灰或明矾等。石膏模外圈可用牛皮纸或橡皮圈代替，以便石膏浆硬化时体积可以向外膨胀而减少零件的受压变形。当用金属石膏外圈时，灌上石膏浆 4h 后应将外圈去掉。

③ 浇好的石膏盘最好放置 10h 后就进行加工。放置时间最长不得超过 2 天。否则，石膏太干，影响加工精度，也难于下盘，但在未加工前，不要从贴置模上取下。

④ 带槽的零件在灌石膏浆前，应在槽内填塞棉花再涂上虫胶漆，以保护零件槽内清洁并便于下盘。

（3）石膏盘的下盘方法

石膏盘的下盘方法较为简单，一般先用小刀或小锤取下粘结模，然后翻转，用木榔头敲击背面，使零件震动脱开。

7.2.4　光胶上盘与下盘技术

（1）光胶上盘

光胶上盘是利用两个抛光面紧密贴合后分子引力的作用，将零件固定在光学工具上的一种方法。它适用于高精度的玻璃平板、楔形镜和棱镜的加工。生产中常用的光学工具有光胶垫板、长方体、立方体和角度垫板等。光胶上盘的优点是零件的变形小、精度高，一般棱镜的角度精度和玻璃平板的平行度可小于 5″，尖塔差可小于 30″；整盘零件的角度可达到基本一致；薄形零件光圈变形小。光胶上盘具有以下缺点：光胶表面容易起纹路、擦痕；对光胶工具精度要求较高；要求环境温度、湿度稳定，空气清洁。

（2）光胶上盘操作过程

① 用碳酸钙清擦光胶工具和零件。

② 用无水酒精、乙醚混合液清擦光胶面。

③ 把零件放置在光胶工具上，此时应立即呈现较粗的干涉条纹。

④ 按压零件，排除零件和光胶工具光胶面之间的空气，使干涉条纹达 2～3 条时，在零件边加压使一角先光胶，随后使零件与工具全部接触，达到光胶。

⑤ 光胶合格后，在不加工的光胶面周围涂上保护漆（如洋干漆、沥青漆等）。

光胶镜盘的下盘操作比较简单，只需使光胶件局部受热或受冷，即可使零件脱落。但要防止光胶件因温度急剧变化而炸裂。

图 7-9 是加工平行度为秒级的高精度平板的情况，这是加工第二面的上盘。图 7-10 是加工五棱镜的直角的情况，直角的第一面是抛光后光胶在长方体上的，最后将胶满在长方体上的零件随长方体光胶在光胶垫板上，实现成盘加工。

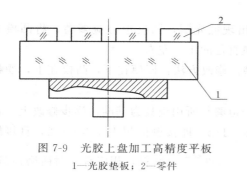

图 7-9　光胶上盘加工高精度平板

1—光胶垫板；2—零件

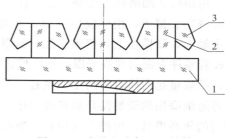

图 7-10　光胶上盘加工五棱镜

1—光胶垫板；2—长方体；3—零件

7.2.5　假光胶上盘

假光胶上盘用于刻尺等有一定厚度的面型精度要求的平面类零件的加工。采用假光胶上盘时，零件和基体（上盘工具、平模）的接触面之间没有胶层，又不形成光学接触（光胶形式），所以又称假光胶为浮胶法。

假光胶上盘操作过程：

① 清擦玻璃平模和零件平面；

② 将零件均匀排列，并使接触面间呈现干涉条纹；

③ 在玻璃平模周围围上挡圈；

④ 烧熔黄蜡胶，均匀地浇在零件之间及整个玻璃平模上，然后使其自然冷却。

假光胶零件下盘，只要加热表层即可拆下零件。

7.3　透镜的细磨工艺

透镜的细磨方法有两种，即用散粒磨粒细磨与金刚石丸片的高速透镜细磨。

7.3.1　用散粒磨料细磨球面

用散粒磨料细磨时，磨料在研磨磨具和零件之间处于松散的自由状态，借助细磨机所加压力，通过模具、磨料和零件之间的相对运动，实现零件表面成型目的。细磨前应根据零件粗磨后的表面质量，选择细磨用磨料粒度号。通常粗磨完工，表面粗糙度为 $\overset{3.2}{\triangledown}$，相当于用 W40（302$^{\#}$）磨料加工的表面。细磨第一道磨料粒度号应选用 W28（302$\frac{1}{2}^{\#}$）。

散粒磨料细磨的技术关键在于细磨磨具的面型精度、研磨速度及压力调整。如细磨研磨模具面型精度达不到要求，则应先修改研磨模具。

（1）细磨模具的修改

细磨模具的修改方法根据修改量的大小，可有对磨法（凹凸一对磨具对磨）、砂石或刮刀修改法。若表面误差太大，可在球面车床上进行修改。细磨模修改后，工作表面曲率半径应符合要求，表面不允许有不规则的凹凸不平，不允许有砂眼、气孔、大擦痕，模具工作面相对镜盘旋转中心的跳动量应小于 0.1mm。

对磨修改球面研磨模操作方法如下。

① 凹模修改

a. 用凹模在细磨机上细磨一盘零件。

b. 洗净、擦干，用样板检查加工面光圈。若出现低光圈，凹模中心应多磨，将凸模安装在主轴上，凹模在上，摆幅要大，摆幅量是凹模直径的 1/2 左右。

c. 若零件表面出现高光圈，则凹模边缘应多磨。修改方法：凹模在下，凸模在上，摆幅要大，摆幅量是凸模直径的 1/3 左右。

各道细磨用的研磨模具的修改顺序，以最后一道磨料所用模具为基准，逐步修改上一道磨料用的研磨模具。用擦贴度检验，擦贴度为 $1/3 \sim 1/2$，即接触面积占 $1/3 \sim 1/2$，且接触区不应集中在零件中心。如细磨用 $302^{\#}$、$302\frac{1}{2}^{\#}$、$303^{\#}$ 三道磨料，相应有三对研磨模具。先修改 $303^{\#}$ 磨料用模具，用废零件试磨看光圈检验。$303^{\#}$ 磨料用模具修改好后，修改 $302\frac{1}{2}^{\#}$ 磨料用模具，亦用零件检验，试磨后的零件在 $303^{\#}$ 磨料模具上看擦贴度，若合格最后修改 $302^{\#}$ 磨料用研制模具。

② 凸模修改

a. 试磨一盘零件，用样板检查被加工面，是高光圈时，应多磨模具边缘。修改方法是凸模在下，凹模在上，加大摆幅；摆幅量是凹模直径的 1/2 左右。

b. 用样板检查被加工面时，若是低圈，则应多磨模子中心，凹模在下，凸模在上，摆幅要大，摆幅量是凸模直径的 1/3。

c. 擦贴度观察方法。为了方便而有效地观察擦贴度，可在零件（镜盘）上哈气，哈出的带有水汽的气体在玻璃表面冷凝成水膜，贴合在模子上，接触处形成水印。取下镜盘后，看水印大小及分布状态即可判别擦贴度大小。

（2）细磨操作过程

用散粒磨料在普通细磨机上细磨过程如下。

① 根据被加工零件的技术要求和镜盘大小选择机床，一般机床可加工的最大镜盘尺寸按平面镜盘尺寸计算，球面镜盘应进行换算，决定机床转速、三角架摆幅、铁笔的前后位置和高低。

② 分清磨料粒度号，依次确定磨去余量分配。细磨余量根据磨料号、零件大小、零件材料软硬程度确定。单面余量＜0.01mm 时，可用 W14 和 W20 号磨料；单面余量 0.1mm 左右时，可用 W20、W14、W10 号磨料。为了保证零件厚度，对于厚度公差±0.1mm 的零件，在第二面加工时应按厚度大小配盘。若厚度差别过大，应单只修磨，整盘零件厚度公差在 0.05mm 以内。

③ 将镜盘或模具装上机床主轴。正常情况下，一般凸镜盘及直径大于 350mm 的凹镜盘应装在主轴上，而凹研磨模应扣在其上，由铁笔拨动。

④ 在下盘上均匀涂抹些磨料浆，放上镜盘，手推动几下，使磨料分布均匀。然后手扶

铁笔，架至上盘支承孔内，开动机器。先开主轴开关，再开摆动开关。5min 左右取下镜盘，检查零件是否全部磨到。如果均匀磨到，可继续加磨料研磨。如果镜盘边缘或中间未均匀地磨到，应再修改模具。如镜盘上局部区域未磨到，应预热一下镜盘再磨。如仍磨不到，则表示上盘时各零件的加工面不在一个球面上，应重新上盘。

⑤ 镜盘和模具研合后，可在铁笔上部加荷重，以加快研磨速度。采用两道磨料制时，球面第一道磨料应研磨 10～20min。

⑥ 清洗镜盘。检验无砂眼和擦痕时，换用第二道磨料。第二道磨料开始前，磨具、台面、铁笔等均应清洗干净。当最后一道磨料在整个镜盘表面研磨均匀之后应停止加磨料，再加 5～10min 的水，磨到模具表面呈灰青色或灰黑色时取下。

⑦ 用温水洗净镜盘，检查表面细磨质量，合格后送抛光，细磨中零件最后面型和样板相比，一般应为低光圈，光圈数为 2～3 为宜。

7.3.2　金刚石工具高速精磨球面

金刚石工具高速精磨球面，是采用特制的金刚石丸片做成的成型模具，在专用准球心运动的高速精磨机上进行，磨削效率高，磨具面型变化小，表面粗糙度低。目前的透镜主要采用单件加工，单件加工不仅可以取消上盘、下盘、清洗等辅助工序，节约了大量的工时，而且减轻了劳动强度，单件加工所采用的夹具也比较简单。装夹工作时可在接触面加 2mm 的橡皮垫，此时无论工件做主运动或从运动，工件与夹具之间均没有相对运动，因此，保证了加工的顺利运行。图7-11 为实际细磨过程中的照片。

图 7-11　透镜细磨加工

金刚石高速精磨对机床和磨具各工艺参数调整要求高，变化小，相应地对操作人员的技术水平要求可相对降低。

7.3.3　样板细磨

加工球面零件，主要的检验工具是球面样板。球面样板加工原理基本上和球面透镜相同，但制造方法有它的独特方式，样板加工工艺特点是单件加工和精度要求高。标准样板制造工艺的一般过程是：

单件粗磨成型—正负样板对研细磨—球径仪检测矢高差—单只抛光—正负样板互检修改光圈—接触式球径仪（或自准直球径仪）检验样板半径精度。

由此可知，标准样板加工过程主要特点是用对研法修改矢高，互检修改光圈。一般工作样板的制造工艺基本上和单只球面透镜的加工工艺相同，只是采用标准样板来作检验工具。

7.4　棱镜的细磨工艺

棱镜细磨抛光工艺目前仍主要依靠传统工艺，对于采用散粒磨料加工棱镜的细磨工序，要比透镜复杂。但细磨的机理、要求和基本方法在本质上是相同的，也要经过上盘，分几道磨料从粗到细地依次研磨，并要合理地调节机床转速、摆架摆幅等各种工艺参数。

棱镜细磨的复杂性主要在于面数多，一只反射棱镜至少有 3 个光学面、2 个侧面，面与面之间有严格的角度要求。另外，采用弹性上盘和石膏上盘，是以加工面作基准面进行装夹，而装夹本身又是不能提高角度精度的，因此在装夹之前，必须进行棱镜角度的手修细磨工序。手修细磨的要求是把加工面对于侧面和另一参考面之间的角度修改好，修改到角度精度高于抛光完工后的一倍。

棱镜细磨的复杂性还在于面数多，需要多次上盘、下盘。一个面上盘细磨抛光完工后，再进行第二面、第三面的细磨抛光。而且各个面加工的次序对不同形状、不同精度要求的棱镜有不同的安排，所以棱镜细磨抛光工序的周期长，反复多，要特别细心操作。

7.4.1 棱镜细磨操作过程

现以直角反射棱镜为例，说明细磨操作过程。

① 检查粗磨完工后的直角棱镜角度、厚度、高度，如图 7-12 所示。ABC 及 $A'B'C'$ 两面为侧面，$AA'B'B$ 面到 CC' 棱之间距离为高度，两侧面之间距离为厚度。

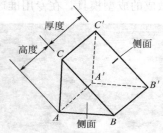

图 7-12　直角反射棱镜毛坯

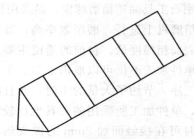

图 7-13　棱镜细磨胶条

② 单件研磨一个侧面，以研磨过的侧面作粘结面上盘。

③ 成盘加工第二侧面。

④ 再次反转过来成盘加工第一侧面，并控制侧面厚度和平行差。

⑤ 下盘清洗再粘成柱体，如图 7-13 所示。

⑥ 研磨两直角面。手工修磨棱镜两直角面，一般采用单轴脚踏研序机或单轴慢速电动研磨机加散粒磨料研磨，研磨时需同时控制直角精度和两直角面与侧面的垂直度，还要注意两直角面的平面性。检测是用自准直比较测角仪和在一直角面上贴置抛光平行薄片，用以反射光线的方法来完成的。

⑦ 修磨斜面，控制高度及另外两个角度，也要同时保证料面对侧面的垂直度。

⑧ 倒边，清洗，检验，以一个直角面为加工面上石膏盘。

⑨ 细磨一个直角面，采用刀口平尺或玻璃平尺检验光缝的方法来检测其平面性。

⑩ 细磨过的直角面抛光后下盘，再上石膏盘研磨第二直角面，检测方法同前。

⑪ 第二直角面抛光后下盘，用上述相同方法上石膏研磨抛光斜面。必须注意的是：在研磨修改角度时，作为加工基准面的一个侧面，在修改其他各面及其相互夹角的过程中，不能再改动，因此应先加工，其他各面加工的先后次序视具体情况决定，此处从略。

对于棱镜研磨所用的研磨模具，即平面细磨模，使用前应检查其面型和表面质量。面型中部应呈微凸，凸起的程度在用 100mm 口径的平面样板检查时，应高 2～3 个光圈，用刀口平尺检查时，边有微弱漏光。中部微凸的平面细磨模具研磨的零件，其表面为微凹，有利于抛光时提高质量，提高效率和控制厚度。

如果细磨模具不符合要求，则需先行修改模具。修改的方法是：对于表面开方格槽的平面研磨模，与修改球面磨具一样，用对磨法修改；对于表面不开槽的模具，可用刮刀、砂轮进行修磨。

7.4.2　用内角反射法测量棱镜的角度误差与棱差

（1）直角棱镜 DI-90°$\delta_{45°}$ 和 π 的测量

直角棱镜 DI-90°对 45°角有较高的精度要求，应测量两个 45°的角度差 $\delta_{45°}$ 和尖塔差 π。它的自准测角法光路简图如图 7-14 所示，图（a）为测试光路，一束自准光线由棱镜的直角边进入，经过斜边和另一直角边反射返回进入自准测角仪，另一束自准光线由进入的第一直角边直接返回进入自准测角仪；图（b）为从自准测角仪视场中看到的两个自准十字像，将从第一直角边返回的亮十字像调整到分划板的十字中央，则另一十字像沿棱镜主截面内相对亮十字像的偏移读数 K_1 和沿垂直棱镜主截面平面内的读数 K_2 分别与 θ_1 和 θ_2 的关系是

$$\theta_1 = K_1/n \qquad \theta_2 = K_2/n$$

式中，K_1、K_2 是测角仪分划上的读数；n 是棱镜的 d 光折射率。

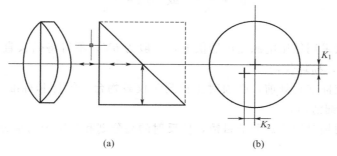

(a) (b)

图 7-14　直角棱镜的角度误差

据反射棱镜国家标准，直角棱镜 DI-90°有：

$$\theta_1 = \delta_{45°}$$

$$\theta_2 = 1.4\gamma_A$$

式中，$\delta_{45°}$ 表示两个 45°角的实际值之差；γ_A 称为 A 棱差，相当于尖塔差 π。

（2）直角棱镜 DII-180°Δ90°和 π 的测量

直角棱镜 DII-180°的 Δ90°和 π，按新标称方法对应于 θ_1 和 θ_2 的关系如下：

$$\theta_1 = 2\Delta90° \tag{7-2}$$

$$\theta_2 = 2\gamma_A \tag{7-3}$$

测量方法及视场如图 7-15 所示。在视场中可看到 5 个刻尺反射像：①为弦面一次反射成像；②③为两次反射成像，最亮并不随棱镜转动而转动；④⑤为五次反射像；像④⑤的距离为像②③距离的 2 倍。

由图可写出如下关系：

$$2n\theta_1 = 2ma$$

$$\theta_1 = \frac{ma}{n} \quad \text{或} \quad \Delta90° = \frac{ma}{2n} \tag{7-4}$$

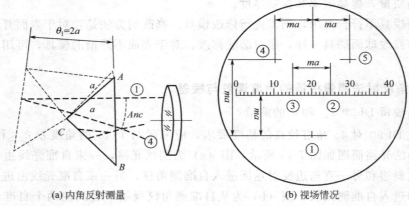

(a) 内角反射测量　　　　　　　(b) 视场情况

图 7-15　DII-180°棱镜的直角测量

通常 ma 值由刻尺像②③的水平距离读取。

同理

$$2n\theta_2 = 2m'a$$

$$\theta_2 = \frac{m'a}{n} \quad 或 \quad \gamma_A = \frac{m'a}{2n} \tag{7-5}$$

（3）注意事项

① 比较测角仪采用低压电源变压器供电，一般为 6V，不得将插头直接插入 220V 电源上，否则烧坏灯泡，损坏仪器。

② 安放零件或标准角规前，必须对比较测角仪载物台、零件和标准角规的贴置面用酒精、乙醚混合液仔细清洁。

③ 观察目镜视场时须注意调节目镜，使反射的亮分划和目镜中的暗分划同样清晰。

思　考　题

1. 细磨光学零件的操作要求有哪些？（含平面、球面、棱镜）
2. 散粒磨料细磨时的上盘和固着磨料加工（金刚石成型工具）时的上盘各在什么时候进行？
3. 细磨前的上盘方法有哪些？球面零件弹性上盘如何操作？
4. 散粒磨料细磨的球面磨具如何修改？
5. 散粒磨料细磨工艺如何操作？
6. 用接触式球径仪测量球面样板曲率半径如何操作？样板口径一定，测环大小如何选取？为什么？
7. 用比较测角仪测量细磨中的棱镜角误差如何操作？使用比较测角仪应注意哪些事项？

第8章 光学零件的抛光工艺

在几百年的玻璃加工历史中,抛光技术大致经历了古典法抛光、混合模抛光、聚氨酯抛光和固着末了抛光4个阶段。其中古典法抛光经历了相当长一段时间。随着大规模机械化加工的要求,高速抛光技术得到了飞速发展。目前整盘的抛光时间已经从古典法抛光的3h左右缩短为8~15min,实现了真正意义的高速抛光。

光学零件要获得透明的光学表面必须进行抛光加工,它是光学零件制造过程中所花工时最多、要求最高、影响质量的因素多而易变的一道主要工序。抛光的目的是:

① 去除精磨的破坏层,达到规定的表面粗糙度要求;

② 精修面型,达到图纸上规定的表面面型(光圈及局部偏差)的要求;

③ 为以后的特种工艺,如镀膜、胶合工序创造条件。

8.1 概述

自1950年以来,与玻璃抛光有关的所有国家都进行了大量工作,探讨如何生产优质的抛光表面,以便有效地改进加工方法,提高产量和改进光学元件的表面质量。

关于玻璃表面是如何抛光的问题,目前主要有三种理论:

① 认为抛光是玻璃的机械去除或磨损作用(牛顿、洛德·瑞利等人);

② 认为抛光是玻璃表面的无热流动作用(拜尔比等人);

③ 认为在抛光时由于水解作用而形成硅胶表面(格列宾席奇科夫等人)。

三种理论在某种程度上都是正确的,然而要缩短抛光时间,只能在大功率的高速刚性机床上才能达到,目前市场上已经广泛使用这类高速抛光机。

抛光速度、抛光压力、玻璃型号、研磨后的表面质量、抛光膜层材料和抛光剂都对抛光过程有着重要影响。光学零件抛光工序在细磨(或精磨)之后进行。抛光的作用机理目前还没有形成一个完整统一的理论。由于影响抛光质量的因素多而易变,故达到抛光作用的手段和途径也都各有差异。但对抛光操作的基本要求、抛光的基本过程和方法、抛光所用的各种辅料、抛光过程中的质量监控方法等均已比较成熟,在用散粒磨料的传统工艺中尤为如此,是光学零件工艺实习的重点学习内容。

8.1.1 抛光的基本要求

细磨过的光学零件,外形几何尺寸已基本确定,抛光是对表面做微量修整,基本要求有:

① 获得光学表面,即最后要磨除细磨加工留下的凹凸和裂纹层,获得表面粗糙度为 $\overset{0.08}{\triangledown}$,表面疵病符合图纸要求的透明表面;

② 表面面型精度符合图纸要求的 N 和 ΔN。

上述两个要求在一般的抛光过程中是分步达到的。即先抛亮,达到第一个要求;然后精修光圈，使之合格，达到第二个要求。

8.1.2　抛光过程和抛光方法

抛光分为古典法和高速抛光法，其示意图为图 8-1 和图 8-2。

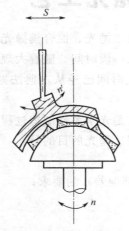

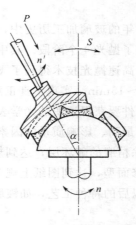

图 8-1　古典式抛光系统示意图　　　　　　　　图 8-2　高速抛光示意图

（1）古典抛光工艺的特点及过程

古典法抛光是一种历史悠久的加工方法。其主要特点是采用普通的研磨抛光机床或手工操作；抛光模层材料多采用抛光柏油；抛光剂是用氧化铈或氧化铁；压力是用加荷重方法实现。虽然这种方法效率低，但加工精度较高，故目前仍被采用着，特别适用于精度要求高的零件，如光学样板或者小批量的光学零件加工。

其基本过程为：在和细磨通用的各种平摆式机床上（二轴机、四轴机等）装好镜盘与抛光模。其安装方式，不管是镜盘还是抛光模，一般都是凸的在下，凹的在上，将抛光液加在抛光模和零件表面之间，借助两者的相对运动，使镜盘表面（零件表面）逐渐形成光学表面，如图 8-3 所示。

(a) 棱镜抛光　　　　　　　　(b) 透镜平面抛光　　　　　　　　(c) 透镜凸面抛光

图 8-3　古典法抛光

抛光过程中，面型精度使用光学样板检验其光圈数决定。抛光质量好坏的关键是准确的误差判别（光圈识别）和各种工艺因素的合理调节，即取决于操作人员的技术水平，比如清楚抛光膜的制作、抛光粉的添加、速度和压力的调节、光圈的修改等。

（2）高速抛光工艺特点及过程

高速抛光的特点是要求摆架摆动轴线通过镜盘的曲率中心，铁笔始终指向球心并做圆弧摆动；高速、高压；自动供给抛光液；抛光模一般都用耐高速、高压的塑料制成，如图 8-4 所示。其基本过程，是将镜盘和抛光模分别安装于准球心式摆动机床的主轴上和摆架压力头下，调节好准球心摆动及摆幅大小；预置加工周期，打开抛光液泵浦开关，启动机床电源主轴转动，摆架摆动，抛光液喷出；调整喷嘴方向，以使抛光液喷向加工面；到规定时间，机床即自动停止，取下镜盘清洗后进行质量检验。

(a) 固着磨料透镜高速抛光机　　　　　　　　(b) 高速双面磨抛机

图 8-4　高速抛光机

高速抛光的精度及表面质量，取决于机床各工艺参数的合理匹配及抛光模的面型稳定性。各工艺参数一经调试确定，一般都能定时定光圈，定表面质量下盘。它对环境要求及操作人员技术水平要求比古典法低。由于这种方法的效率高，已被推广应用到中等精度零件的批量生产上。

抛光过程中使用的辅助材料很多，其质量好坏对光学零件加工质量及生产效率有重要影响，其中以抛光中用作磨削物质的抛光粉与形成光学表面面型的抛光模层材料最为重要。

（1）抛光粉

在古典法抛光工艺中，抛光粉是必不可少的磨削物质。对抛光粉的要求是：

① 应具有一定的晶格形态和晶格缺陷，有较高的化学活性；

② 粒度大小应均匀一致，纯度高，不含有机械杂质；

③ 硬度适中；

④ 有良好的分散性（不易结块）和吸附性。

在光学玻璃抛光中，常用的抛光粉有以下几种。

① 氧化铁，俗称红粉　它属于 a 型氧化铁 $a\text{-}Fe_2O_3$，斜方晶系，颗粒成球形，边缘有架状物，颗粒大小约 $0.5\sim1\mu m$，莫氏硬度 $4\sim7$，相对密度 5.2。

由于氧化铁价廉易得，几百年来，传统工艺中一直以它为主要抛光物质。近 20 年来除眼镜行业外，已逐渐为氧化铈代替。用氧化铁抛光虽效率低，但光洁度高。

② 氧化铈（CeO_2）　它是稀土金属氧化物，属于立方晶系，颗粒外形呈多边形，棱角明显平均直径约为 $2\mu m$，莫氏硬度 $6\sim8$，相对密度 7.3，颜色有白色、黄色和褐色几种。利用氧化铈抛光效率高，但光洁度要比用氧化铁时低。

（2）抛光模层材料

光学表面形状最终是依靠抛光模表面限制形成的，抛光粉也只有吸附在抛光模上，依照抛光模规定的表面运动，才能达到去除玻璃表层凹凸不平区及不规则表面上多余的玻璃层，所以抛光模要求：

① 有一定硬度以保证面型稳定；

② 有一定的弹性和可塑性使其与工件表面有效吻合；

③ 对高速抛光用模层材料还要有耐热、抗老化、自锐性及微孔结构等要求。

常用抛光模层材料如下。

① 古典法抛光胶材料　主要由沥青和松香按一定的配比加热混合而成，又称抛光柏油。

a. 沥青。是多种有机物的混合物，黑色，常用石油沥青，主要成分为油分、胶脂和沥青质。油分使沥青具有流动性，胶脂使沥青具有弹性和延度，沥青质使沥青有黏度和温度稳定性。沥青质软，对温度变化不大敏感，黏度变化缓慢，使抛光柏油具有可塑性和稳定性。

沥青溶解于汽油、苯、松节油。

b. 松香。由松脂提炼得到，黄色。没有一定熔点，软化点约 50～70℃。松香使抛光柏油具有粘结能力和一定硬度。

松香溶于乙醇、乙醚、丙酮等。

c. 蜂蜡。又称黄蜡，熔点约 60～70℃，具有不透水性、可塑性、粘结性，使抛光柏油增强对抛光粉的吸附力。

② 高速抛光法抛光模层材料　高速抛光用抛光模材料，随所用抛光模的构成方法不同而不同。多采用聚氨酯塑料片粘贴于抛光基模上作成抛光模，则聚氨酯塑料即为抛光材料。为提高硬度、耐热性，增加微孔结构、化学活性等，还在其中加入许多特定的填料。如：

a. 604#固体环氧树脂　黄褐色，软化点为 85～95℃，粘结力强，收缩力小，耐酸耐碱力强，可提高模层尺寸的稳定性；

b. 210#松香改性酚醛树脂　棕色透明固体，软化点 135℃，可提高模具硬度和耐热性；

c. 羊毛　质软，耐磨，能提高模具弹性，增加硬度以提高磨削能力。

因此，可以承受高速高压加工，在整个加工使用过程中面型基本保持不变，因此抛光过程容易控制。但是这种抛光模制作困难，重复性差。

（3）上盘方法

古典抛光通常采用弹性上盘，高速抛光通常采用刚性上盘或不胶合单件加工方法。弹性上盘不能承受高速高压抛光，容易脱胶，而刚性上盘则是属于高速高压加工。不胶合单件加工不存在脱胶问题，只要夹具制作合理，就能承受高速抛光的要求，而且装卸简单。

（4）清洁零件光学表面用的辅助材料

在上、下盘以及检验光学零件加工质量时，必须仔细地清洁光学零件，检验器具。常用方法是将零件先浸在溶剂汽油中，后浸入酒精之中，若干时间后，用棉花蘸上溶剂轻擦（上、下盘用），或者用脱脂纱布、绸布滴上乙醚、酒精混合液清擦（清洁光学表面用）。常用清洁材料特性如下。

① 溶剂汽油　能溶解沥青、油污、脂肪酸等，沸点 120～200℃，自燃温度 230～260℃；易挥发，空气中含量达 1.3%～6%时，易引起爆炸；对皮肤有刺激性。

② 乙醚　能溶解油脂、沥青、松青、蜡、冷杉树脂胶。沸点 34.6℃，自燃温度 188℃，极易挥发，空气中含量达 1.85%～36.5% 为爆炸极限；对黏膜有刺激，过多吸入则易于麻醉。乙醚在通常情况下含 2% 的水。

③ 乙醇　能溶解虫胶、松香、沥青；沸点 78.50℃，自燃温度 400℃；易挥发，与空气混合的爆炸极限为 3.5%～18%；对眼及上呼吸道黏膜有轻度刺激。光学加工行业中，清擦光学表面时使用的无水乙醇，浓度为 99.5%。

光学加工行业中通常使用乙醚、酒精混合液作为清洁溶剂。乙醚脱脂力强，但挥发性大，加入乙醇可减慢挥发速度。乙醇过多则挥发太慢，水分残留不易消去，常用乙醚、酒精混合液的配比为 1：1。

④ 脱脂棉　外观洁白、均匀、无杂质；油脂及蜡质含量不应大于 0.1%；水分 5%～8%；盐含量不大于 0.01%；酸碱反应呈中性。高级脱脂棉纤维不应短于 30mm。

脱脂棉用于浸蘸有机溶剂（汽油、乙醚、乙醇等）清洁零件上的油脂、指印、水点等污物。

⑤ 脱脂擦布　脱脂擦布常由细白布、府绸、纱布等经洗涤和脱脂处理制成。用于清擦抛光、刻线、照相、镀膜、胶合、装配等过程中的光学零件。要求色白、柔软、不掉毛、无杂质。使用时滴上有机溶剂，清擦光学零件。

⑥ 碳酸钙　白色粉末，莫氏硬度 3，用于擦除玻璃表面，不溶于汽油、乙醇等有机溶剂的附着物。

8.2　光圈的形成与识别

如何使用光学样板和干涉仪准确地识别光圈所代表的加工误差，是抛光操作中的重要技术。只有正确判断光学零件加工中的误差，才能合理地采取各种工艺措施，有效地予以修正各种误差，加工出完全符合图纸要求的零件。而要正确判断加工误差，主要依靠对检具（样板及干涉仪）的正确使用及对光圈的正确识别。

8.2.1　光圈的形成

抛光后零件的面型精度通常是用光学样板来检验的。样板和零件接触时曲率半径大小的差异，反映为两接触表面间空气隙的大小。

当两接触表面存在微小的空气隙时，入射光线通过该两表面进行反射或透射，两束反射光相干涉的结果形成干涉条纹。光学加工行业中习惯称这组干涉条纹为光圈，光源是单色光时出现明暗相间的条纹，当用白光时则呈现彩色条纹。每一条纹和一定的空气隙厚度相对应。由等厚干涉理论可知，两条相邻的干涉条纹之间的空气隙厚度差 $\Delta h = \lambda/2$，因此第 n 道光圈处对应的空气隙厚度为 $h = n\lambda/2$。对于白光，若取波长 λ 的平均值为 $0.5\mu m$，则相差一个光圈时，其厚度差即为 $0.25\mu m$。

8.2.2　样板及平面干涉仪

（1）样板种类及其要求

样板分平面样板和球面样板两种。平面样板也叫平晶，其工作表面为平面，常用口径有 $\phi 60$、$\phi 100$、$\phi 150$、$\phi 200$ 几种规格，大于 $\phi 200$ 规格的样板，由于制造困难而少见。球面样板具有一个球形工作面,其曲率半径决定于所加工的零件。因此,一个半径就要有一个样板,球面样板在不同半径零件之间不能通用,而平面样板是可以通用的,样板要有一定高度,便于用手握持。

样板因为作为标准使用,要求面型精度高,它相对理想面的误差应在 0.5 光圈以内。制作样板的材料要求耐磨、膨胀系数小,以保持稳定,所以通常用石英玻璃、轻冕玻璃、K4、K9 等制作样板。平面样板和球面样板形状如图 8-5 所示。

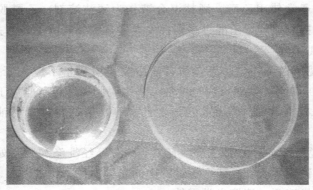

图 8-5　平面样板与球面样板

(2) 样板的正确使用

使用样板检验光学零件时,必须按以下方法操作。

① 用乙醚、酒精混合液滴在脱脂布上,按照图 8-6 方法擦净样板工作面和光学零件被测面。即从中间往边缘打圈擦拭。

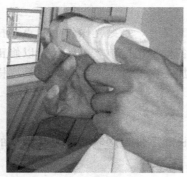

② 放置一定时间,求得被检零件和样板之间温度均衡一致,避免由于温差造成读数误差。

③ 将样板轻轻叠合到零件上,稍微加压,挤出间隙中空气,使通过样板看到较粗的光圈。为了便于观察计数,视场内以出现 3～5 道干涉条纹为好。可通过调节样板对零件的倾角来达到。

④ 为了同时观察局部误差和曲率误差,应使球面样板与被检表面的一部分接触以看到弧形条纹为好,如图 8-7 所示。

图 8-6　擦拭光学零件的方法

如果被检表面与样板整体均匀接触,则观察到呈圆形的干涉圈,那样只能读得光圈数,不能读得局部误差数,故较少使用。

⑤ 根据干涉条纹弯曲状况和规则程度,计算光圈数 N 和局部误差 ΔN。

使用样板检查零件的面型误差时,必须记住:视场内的条纹数不等于光圈数。条纹数多少取决于样板对零件接触时倾角大小,而光圈数完全决定于实际面型对样板的误差,是个定值。如图 8-7 中,条纹有三道,但光圈数计算结果只有 $N=0.5$。

⑥ 使用样板时必须注意:观察并计数干涉条纹时,视线方向必须垂直于表面;禁止使样板沿被检表面拖动,以免擦伤表面;禁止用手指触摸样板工作面,握持只能在侧面;安放样板时,凸样板和平面样板的工作面必须朝上。样板法检验光圈如图 8-8 所示。

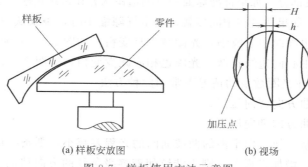

图 8-7　样板使用方法示意图

（3）干涉仪

光学零件加工中，常用来检验抛光零件面型的是菲索平面干涉仪。它是利用平面（标准平面与被测平面）之间楔形空气层产生的等厚干涉条纹来检测平面元件的仪器，具体介绍参见第 13 章。

8.2.3　光圈的识别与度量

在抛光加工中，正确地判断光圈的高低程度及局部误差的性质，对于修改工件面型误差是非常重要的。所谓高光圈，系指样板与工件中心接触，而低光圈则相反，是样板与工件边接触。检验时一般规定，高光圈（凸）为正偏差，低光圈（凹）为负偏差。

图 8-8　样板法检验光圈

（1）高低光圈的识别

① 加压法（在样板四周均匀加压）　待测透镜的曲率半径 R 与标准球面曲率半径 R_0 间存在两种关系，如图 8-9 所示。

对于图（a），要想待测透镜满足面型要求，应进一步研磨透镜的边缘。对于图（b），则应

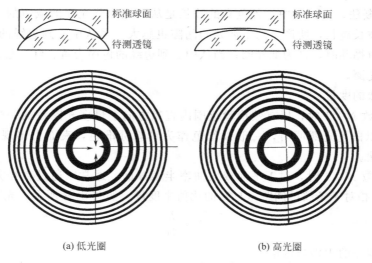

图 8-9　四周均匀加压法识别光圈

进一步研磨透镜的中央部分。如果标准球面和待测透镜两者在边缘接触，当空气隙缩小时，条纹从边缘向中间移动；如果两者在中间接触，当空气隙缩小时，条纹从中心向边缘移动。

低光圈：条纹从边缘向中心收缩，光圈减少且变粗，如图 8-9(a) 所示。

高光圈：条纹从中心向边缘扩散，光圈也相应减少变粗，如图 8-9(b) 所示。

② 一侧加压法　在光圈数少的情况下常用此种方法。

低光圈：条纹弯曲方向背向压点。

高光圈：条纹弯曲方向朝向压点。

a.零级条纹的判断　使产生干涉的两波面间的光程差减小，则条纹移动的方向是离开零级条纹的方向；反之，增加光程差，则干涉纹朝着零级条纹的方向移动。

b.凸凹面的判断　如图 8-10 所示，由于被测表面为非平面，它反射的波面 W_2 则是曲面，因此与参考波面 W_1 形成的干涉条纹也是弯曲的，如果移动 W_2，减小波面 W_1 与 W_2 间的光程差，条纹移动的方向与弯曲方向相同，则被测表面为凸起的，如图 (a) 所示；反之，若条纹移动方向与弯曲方向相反，则被测表面为凹陷的，分别如图 8-10(b) 和 (c) 所示。

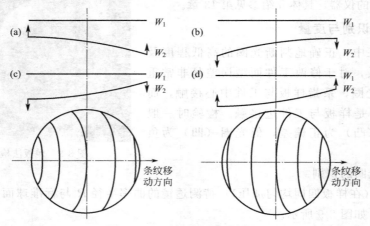

图 8-10　一侧加压法识别光圈

③ 色序判断法。在白光中，各色光的波长是从红光向紫光逐渐减短的，因此，在同一个干涉级中，波长越长，所产生的干涉处的间隙也越大。当从中心到边缘的色序为蓝、红、黄、蓝、红、黄循环时，则为低光圈；当从中心到边缘的色序为黄、红、蓝、黄、红、蓝循环时，则为高光圈。

(2) 光圈数的度量

① 当光圈数 $N>1$ 时，以有效检验范围内直径方向上最多光圈数的一半来度量，如图 8-11 所示。当以白色光照明时，一般以红色作为计算标准色，表面上出现几道红色光圈，就称为几道光圈。

② 当光圈数 $N<1$ 时，对于平面或大曲率半径球面，通常以通过直径方向上干涉条纹的弯曲量 (h) 相对于条纹的间距 (H) 的比值来度量。如图 8-12 所示，光圈数为：

$$N=\frac{h}{H} \tag{8-1}$$

(3) 局部偏差的识别与度量

局部偏差是指被检光学表面与参考表面在任一方向上，干涉条纹的局部不规则程度，用

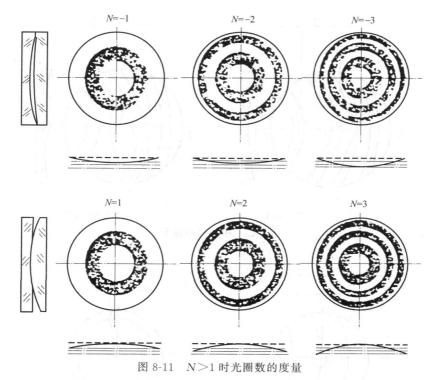

图 8-11　$N>1$ 时光圈数的度量

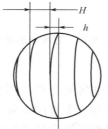

图 8-12　$N<1$ 时光圈数的度量

$\Delta_2 N$ 表示。它是以其对平滑干涉条纹的偏离量（l）与条纹间距（H）的比值来计算。其关系由式（8-2）决定：

$$\Delta_2 N = \frac{l}{H} \tag{8-2}$$

① 中心局部偏差，它包括低光圈或高光圈的中心低和中心高，如图 8-13 所示。在图 8-13（a）中表明低光圈中心低，$\Delta_2 N = \frac{l}{H} = 0.3$，在图 8-13（b）中表明低光圈中心高，$\Delta_2 N = \frac{l}{H} = 0.3$。

② 边缘局部偏差，即一般通称的塌边与翘边，如图 8-14 所示。图 8-14（a）表示低光圈边缘低（塌边），$\Delta_2 N = 0.35$；图 8-14（b）表示低光圈边缘高（翘边），$\Delta_2 N = 0.38$。

生产实际中，经常出现中心与边缘同时出现局部偏差的情况，度量时必须综合考虑。

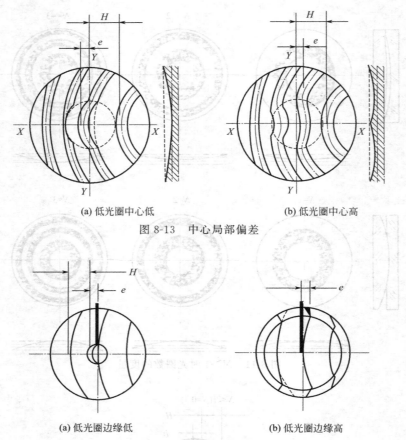

(a) 低光圈中心低　　　　　　　　(b) 低光圈中心高

图 8-13　中心局部偏差

(a) 低光圈边缘低　　　　　　　　(b) 低光圈边缘高

图 8-14　边缘局部偏差

（4）像散偏差的识别与度量

被检光学表面在两个相互垂直的方向上光圈数不相等所产生的偏差称为像散偏差。用 $\Delta_1 N$ 表示，像散偏差的大小是以两个相互垂直的方向 N 的最大代数差的绝对值来度量。

① 椭圆像散光圈　椭圆像散光圈表明被检光学表面在 x-x 和 y-y 方向上的光圈数 N_x 和 N_y 不等，偏差方向相同，如图 8-15(a) 所示。因 $N_x = 2$，$N_y = 3$，故被测表量的光圈数应取大值，取 $N = 3$。椭圆像散光圈数 $\Delta_1 N = |N_x - N_y| = 1$。

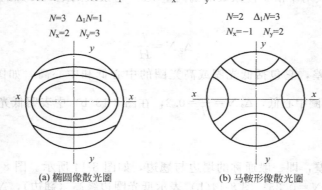

(a) 椭圆像散光圈　　　　　　　(b) 马鞍形像散光圈

图 8-15　像散光圈

② 马鞍形像散光圈　马鞍形像散光圈是被检光学表面在 x-x 和 y-y 方向上的偏差方向不同，而中心偏差在 x-x 和 y-y 方向都为 0。如图 8-15(b) 所示，因 $N_x = -1$，$N_y = 2$，故被测面的光圈数 $N = 3$。马鞍形像散光圈数 $\Delta_1 N = |N_x - N_y| = 3$。

8.3　古典法抛光

古典法抛光是一种传统工艺，历史悠久，适用于各种精度的零件加工，是许多光学材料抛光技术的基础。虽然已出现的高速抛光技术在生产效率方面有很大的提高，但在高精度零件的加工中，仍往往需依靠古典法抛光。古典法抛光光圈可以达到 0.5～1 道圈，表面粗糙度可以抛到 0.0004～0.001μm，高速抛光的面型精度可以达到 3～5 道圈，表面粗糙度为 0.001μm。

古典法抛光主要特点是采用普通平面摆动式机床，常用的有二轴机、四轴机、六轴机。此外，还有单轴机、脚踏研磨抛光机等。抛光模层材料采用沥青和松香配制，加工压力低，机床转速慢，采用散粒抛光剂（氧化铈、氧化铁）。

8.3.1　抛光模制作技术

抛光模是抛光技术中的关键模具，抛光模的质量直接影响加工面型的精度和效率。

古典法抛光模制模所用抛光柏油应按工房温度、镜盘大小、玻璃种类、生产方式等因素，选择不同的配比熬制。

（1）常用抛光柏油配比选择原则

① 镜盘直径大，抛光柏油软些，即松香少些；镜盘直径小则硬些，即松香多些。

② 火石玻璃硬度低，抛光柏油软些；冕牌玻璃硬些，抛光柏油硬些。

③ 室温高，抛光柏油硬些；室温低，抛光柏油软些；夏天硬些，冬天则软些。

④ 手修用，抛光柏油软些；机床上加工，抛光柏油硬些。

（2）抛光模制作方法

这里仅介绍采用抛光柏油作抛光层的制模方法。

① 选胶　即按具体情况，选择配比合适的抛光柏油。

② 熬胶　把选好的抛光柏油放在熬胶锅内慢慢加热，并进行搅拌。升温不可太快，也不可太高，一般在 140℃ 左右，不可超过 170℃，以免引起抛光柏油焦化。当有塑料粉等添加物时，要注意添加物允许的最高温度。图 8-16 为选胶和熬胶实物图。

(a) 不同类型的抛光柏油　　　　　　　　　　(b) 熬胶

图 8-16　选胶和熬胶

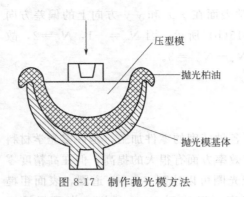

图 8-17　制作抛光模方法

压型模
抛光柏油
抛光模基体

③ 制模　对于凹型抛光模：

a. 将金属基模用汽油擦净，预热到 70℃ 左右，然后将熬好的抛光柏油倒入；

b. 待抛光柏油稍冷后，用压型模（贴置模或细磨研磨模）压型，同时控制抛光模层厚度，如图 8-17 所示；

c. 冷却。

取下压型模，用刀片削去边缘多余的柏油，为了避免抛光柏油粘住在压型模上，可在压型模工作面上预先涂刷浓的抛光液。

对于凸型抛光模，可将抛光柏油倒入冷的凹形压模中，用凸的抛光模基体加热后放在抛光柏油上，左右滑动压制。其余则与凹型抛光模制作方法相同。

图 8-18 为制作平面抛光模的实物图片。

④ 修整　刚压制好的抛光模还不能用于抛光，需要修整。对于一般中小尺寸的抛光模，先在温水中烫一下，放在镜盘上预加工几下，基本上都接触后进行开槽。开槽可以有利抛光过程中散热；使抛光粉均匀分布整个表面上；使抛光柏油局部蠕动，改善抛光模与镜盘接触状况。开槽形状有方格形、圆形、菱形等。平面一般开方格槽，球面一般开圆形槽，如图 8-19 所示。

(a) 金属基模

(b) 倒入抛光柏油

(c) 压模

(d) 刮边

图 8-18　平面抛光模的制作

(a) 平面抛光模开槽

(b) 制作完成的平面抛光模

图 8-19　修刮抛光模实物图

8.3.2　抛光操作过程

① 调整好机床速度、摆幅；准备好水锅、清洁用的脱脂棉、纱布；清洗工作台、摆架等抛光用的一切用具。

② 检查镜盘细磨后的面型与粗糙度，不合格要重磨。

③ 将抛光模在 50～60℃ 温水中烫一下，在抛光模面上涂上抛光液，覆盖在镜盘上，用

手推动几下，使之均匀。放上铁笔，开动机床，开始抛光。

④ 抛光的前半期，以去除工件表面麻点砂眼为主要目的。在这一阶段，机床速比、摆幅与偏心均应调节在正常范围内进行均匀抛光。

⑤ 抛光一段时间后，应即时检验表面质量和面型。若磨点、砂眼去除均匀，则抛光应继续进行。若光圈过高、过低，则要随时调整有关工艺参数以控制光圈变化。

⑥ 在抛光过程中，可根据需要修改抛光模。常用修改方法有两种：

a. 刮模或局部开槽法，用于改变吻合程度以修改面型偏差；

b. 烫模法用于镜盘和抛光模曲率相差大的时候。

⑦ 当表面疵病和光圈合格后，镜盘用温水洗净、擦干、涂保护漆、下盘；也可用抛光模采用手推法收干表面抛光液，用乙醚、乙醇混合液擦净，涂保护漆、下盘。

8.3.3　零件面型误差（即光圈）修改方法

修改光圈是抛光技术中较为复杂和具有经验性的工作，是抛光操作的关键环节。常见误差修改方法如下。

（1）凸镜盘高光圈修改

① 凸镜盘高光圈产生原因（抛光模在上情况）：

a. 抛光模曲率半径太小；

b. 抛光模矢高太大；

c. 抛光模对镜盘偏心太大；

d. 主轴转速太快，摆速太慢，摆幅太大。

② 修改方法

a. 修刮抛光模边缘，使抛光模曲率半径增大；

b. 减慢主轴转速，加大摆速，减小偏心；

c. 减小压力。

（2）凹面镜盘高光圈（抛光模在下情况）的修改

① 凹面镜盘高光圈产生原因

a. 抛光模曲率半径太大；

b. 抛光模矢高太小；

c. 摆幅太小；

d. 偏心太小，主轴转速快，摆速太慢。

② 修改方法

a. 修刮抛光模边缘；

b. 主轴转速减慢，摆速加快，摆幅增大，偏心增加；

c. 减小压力。

（3）低光圈修改

由于低光圈产生原因正好与高光圈产生原因相反，修改原则是使镜盘边缘多抛光。因此，修改方法与高光圈情况采取的措施相反，此处从略。

（4）局部误差产生原因及修改方法

① 塌边　塌边是指零件边缘磨削过多或降光圈时还未降到边。

产生原因：a. 抛光模直径或深度大；b. 抛光时太紧，抛光模边缘有突起；c. 抛光模抖动或抛光柏油太硬；d. 摆幅不合适；e. 细磨时所造成的塌边；f. 高光圈改低过程中，边缘还未改到；g. 抛光液太浓。

修改方法：a. 选择合适直径或深度的抛光模；b. 修刮抛光模边缘；c. 换抛光模；d. 适当增大摆幅；e. 塌边严重时应重新细磨；f. 继续抛光；g. 稀释抛光液。

② 翘边　翘边是指零件边缘磨削不足。

产生原因：a. 抛光模直径或深度太小；b. 抛光太软或环境温度高；c. 抛光液太稀；d. 摆幅太大。

修改方法：a. 选择合适直径或深度的抛光模；b. 换较硬的抛光模或降低抛光液温度；c. 加浓抛光液，少加、勤加；d. 适当减小摆幅。

③ 中心局部低

产生原因：a. 抛光模曲率半径不合适；b. 抛光模腰部突起；c. 铁笔与抛光模中心距或摆幅不合适；d. 低光圈改高时未改到零件中心。

修改方法：a. 选择合适曲率半径的抛光模；b. 修刮抛光模腰部；c. 增大中心距或减小摆幅；d. 继续抛光。

④ 中心局部高

产生原因：a. 抛光模腰部有凹陷；b. 抛光液未到中心；c. 铁笔与抛光模中心距或摆幅不合适；d. 抛光液太稀。

修改方法：a. 修刮抛光模边缘；b. 加抛光液时尽量加到中心；c. 铁笔上提或增大振幅，加浓抛光液。

局部误差种类很多，而且往往几种误差同时出现，要分清主次。如果总的光圈数要求差别大，则以修改光圈为主，当光圈数在达到要求或接近要求时，以修改局部误差为主。

修改光圈时要注意：

a. 修改光圈数要同时控制局部误差的变化；

b. 修改中有几个工艺参数可调节时，不要使各参数同时变动，以免改变过剧，出现相反结果；

c. 低光圈较少时，要减慢抛光速率，密切注意变化，以避免出现高光圈，重新修正造成零件厚度超差。

8.4　高速抛光

随着光学零件应用的普及，古典抛光已经不能满足需要，因此出现了高速抛光技术。从运动形式上看，高速抛光分传统的平面摆动抛光和准球心法高速抛光。准球心法高速抛光的实质，是提高机床主轴转速，增大抛光压力，从而提高加工效率。

抛光和精磨一样都是在同一种类型的设备上进行，不同的是研磨磨具和研磨剂不同。为了防止研磨剂的混杂，在车间中，抛光和精磨的设备各自是专用的。高速抛光采用聚氨酯或固着磨料抛光片做成抛光模来加工零件。

8.4.1　准球心发高速抛光机床的特点

准球心法高速抛光机床分为上摆式和下摆式两种类型。无论哪种摆动方式，其抛光原理相似，特点如下。

（1）摆动轴线通过曲率中心

摆动轴线通过对应镜盘或抛光模的曲率半径中心 O，压力的方向始终指向曲率中心，且加工中为恒定值。与平面摆动式机床相比，有较高装束，压力根据机床大小不同，约为 $10\sim15$kg。这种方法消除了古典法抛光时因荷重而产生的振动和冲击等，因此，较好地达到了均匀抛光。

（2）主轴转速高

准球心法主轴转速高，其最大线速度约为平面摆动抛光的 2 倍以上，抛光压力为平面摆动的几倍或 10 倍。

（3）采用塑料抛光模

采用塑料抛光模，能长期保持抛光模面型精度的稳定，对中等精度的零件可以做到定时、定光圈抛光。

（4）自动加压和抛光液自动供给

自动加压和抛光液自动循环供给，减轻了劳动强度，并优化了操作环境，也节约了产品成本，广泛地应用于中等尺寸、中等精度光学零件的批量生产中。

8.4.2　高速抛光模

高速准球心抛光属成型加工，因此抛光膜的性能对光学零件面型精度和表面疵病有着重大影响。为适合高速、高压抛光工艺的要求，抛光模层材料应满足以下要求。

① 要有微孔结构　具有微孔结构的抛光模不仅能够吸附、存储大量的抛光颗粒，且在水的作用下，抛光粉颗粒能够比较均匀地分布在玻璃表面，使无数自由滚动的抛光粉颗粒不断地切削玻璃。另外，抛光模和玻璃之间通过许多微孔颗粒接触，接触面积小，单位面积上的压力大，因此，提高了抛光效率。

② 具有一定的弹性、塑性和韧性　在一定的温度和压力下，有一定的蠕变，使膜层和被抛光表面紧密吻合，减少表面疵病，有利于获得要求的光圈。

③ 耐磨性好　在高速高压抛光中，抛光模磨耗少，有利于控制光圈。

④ 耐热性好　能承受高速高压抛光中所产生热量，抛光模面型在高温下保持不变。

⑤ 具有一定硬度　太软，抛光模容易变形，零件塌边；太硬，容易造成光圈不规则和产生擦痕。

除上述要求外，高速高压抛光模还应具有成型收缩率小、老化期长、吸水性能好等优点。一般分为两大类：以热固性树脂为主要成分的抛光模（如环氧树脂抛光模、聚氨酯抛光模）和固着磨料抛光模，如图 8-20 所示。

8.4.3　高速抛光工艺

20 世纪 70 年代开始，国外开始对固着磨料抛光工艺进行研究，国内从 80 年代开始研究。固着磨料抛光是把抛光粉和抛光模做成一体，对玻璃进行抛光。如激光膜片双面高速磨抛，如图 8-21 所示。

其特点是：

① 不用在循环液中加入抛光粉，减少抛光中不定因素的影响，工艺稳定，抛光后零件易于清洗；

② 抛光模面型稳定性好，为定时、定光圈、定表面粗糙度的抛光创造了条件；

(a) 固着磨料抛光模　　　　　　　　　　　(b) 环氧树脂抛光模

图 8-20　高速高压抛光模

图 8-21　双面高速磨抛机

③ 抛光效率高，在相同条件下抛光效率比古典法大约提高 10 倍；

④ 减少废抛光液的处理，对环境保护有积极意义；

⑤ 加工余量少，对精磨后的光圈和粗糙度要求较高。

8.4.4　各种工艺因素对抛光的影响

（1）准球心问题

为了准确实现准球心抛光，以上摆机为例，必须使下模球面的曲率中心落在摇臂的摆动轴线上。

（2）对精磨的要求

玻璃的抛光过程基本上分为两个阶段，去除精磨的凹凸层和去除裂纹层。开始接触时，抛光模与工件表面的凹凸层峰点接触，使被抛光的玻璃表面受到很大的单位压力，同时凹凸层为抛光液附着提供了良好的条件，因此抛光作用非常明显。随着抛光过程的继续，抛光模与工件表面的凹凸层接触面积加大，使被抛光的玻璃表面受到的单位压力减小，抛光液附着程度降低，从而抛光过程变得缓慢。当抛光面达到裂纹层时，整个玻璃表面与抛光模完全接触，抛光过程变得更加缓慢。因此，抛光时间直接由裂纹层深度决定。精磨后表面应具有较小的裂纹深度，以利于抛光。

（3）抛光速度和抛光压力

与古典法抛光类似，在抛光材料和胶黏剂性能等工艺许可下，抛光效率与抛光速度或抛光压力是线性关系。

（4）对抛光液的要求

高速抛光一般用二氧化铈抛光粉。抛光液浓度随品种不同而定，一般为 $10\% \sim 15\%$（质量比）。当抛光液浓度一定时，抛光液的供给量应适中，通常为 $0.9 \sim 1L/min$。

（5）抛光温度的影响

抛光液的温度一般在 $30 \sim 38℃$ 之间，过低或过高对抛光效率都会产生影响。对于一定的抛光模和光学玻璃均有最合适的抛光温度，可以通过试验获得。

8.4.5　高低光圈的产生和修改方法

（1）产生原因

① 抛光模的影响　抛光模的曲率半径、软硬度及加工时温度条件。

② 工艺参数的影响　主轴转速、摆速、摆幅、压力、抛光液的浓度、加工时间等。

③ 环境温度、湿度等。

（2）修改方法

为了修改光圈的高低，除了适当调整工艺参数和环境的影响之外，还要对抛光模进行修改。

在实际生产中，通常用丸片模具修改抛光模。修改凸抛光模时，抛光模在下，丸片模具在上；修改凹抛光模时，丸片模具在下，抛光模在上。若要凸模升光圈，则由外往里修；若要凸模降光圈，则由里往外修。若要凹模升光圈，则由里往外修；若要凹模降光圈，则由外往里修。

（3）局部光圈偏差产生原因及修改方法

和古典法抛光类似，影响局部偏差的工艺因素很多，而且改变某一项因素的同时对光圈的修改会产生不同程度的影响。

8.4.6　常见抛光表面疵病产生原因及解决措施

无论是哪种抛光方法，在抛光过程中都有可能使工件产生疵病。对于透镜的面型检验，一般通过样板观察光圈的多少或弯曲面来判断；或用球径仪检验，根据干涉条纹的变形量计算透镜的表面面型。样板检验法只能给出定性测量，其定量测量精度低；而干涉仪可以实现高精度数字测量。对于一般的擦痕、印痕和麻点等，通常采用放大镜观察。表 8-1 就经常出现的疵病原因和克服方法进行归类说明。

表 8-1　抛光表面常见疵病及分析

疵病	产　生　原　因	解　决　措　施
擦痕	①抛光粉粒度不均匀或混有大颗粒机械杂质； ②环境不洁净； ③抛光材料不干净； ④擦布不干净或带入灰尘； ⑤精磨遗留划痕或抛光前清洁洗不干净； ⑥检查光圈时工件或样板不干净、方法不当； ⑦抛光材料偏硬或使用时间过长，表面起硬壳； ⑧抛光模与镜盘不吻合； ⑨辅助工序包括下盘、清洗、保护漆未干等操作不规范； ⑩毛坯本身有问题	①选用颗粒均匀和与玻璃对应的抛光粉； ②做好"5S"工作； ③保管好所需物品； ④擦布清洁保管及操作者穿戴好工作服、帽子； ⑤抛光前将精磨盘侧地清洁干净； ⑥正确使用样板； ⑦选用合适抛光材料、周期更换、刮改抛光模； ⑧及时修改抛光模； ⑨按辅助工序规范操作加工； ⑩更换毛坯厂家，对问题毛坯进行处理

续表

疵病	产 生 原 因	解 决 措 施
印痕	①抛光模与镜盘混和不好,出现油斑痕迹; ②玻璃化学性能不好; ③水珠、抛光液、口水沫等未能及时擦拭干净	①选用合适的抛光胶,刮改抛光模使之吻合; ②抛光中产生的印痕可以选用适当的添加剂,且用工完后产生的印痕可以涂保护漆; ③避免对着工件讲话,如下盘应擦净,对化学稳定性不好的玻璃还应烘干
麻点	①精磨、抛光时间不够; ②精磨面与抛光模不匹配; ③抛光模使用时间过长或抛光液使用时间长而影响抛光效率; ④抛光粉选择不当或抛光液浓度太低	①精磨应去除上道粗沙眼,抛光时间应足够; ②精磨光圈匹配得当,应从边缘向中间加工; ③更换抛光皮及抛光液的各项指标(密度、pH 值等)的周期管理; ④更换抛光粉,加浓抛光液

思 考 题

1. 古典法抛光和高速抛光所使用的机床有什么根本不同? 不同半径的球面镜盘在高速抛光机上安装有什么特殊要求?

2. 常用抛光粉有哪两种? 各有什么特点?

3. 使用有机溶剂要注意些什么?

4. 如何使用样板来检验光圈数及局部误差?

5. 如何识别高光圈和低光圈? 如何计算 N 和 ΔN?

6. 改光圈的基本原则是什么? 高光圈要修抛光盘哪一部分?

7. 抛光模开槽有哪些好处?

8. 抛光工艺的关键技术在哪里?

第9章 光学零件的定心磨边

对于圆形的光学零件，精磨抛光完工之后一般都还要进行磨边，使其侧圆柱面尺寸满足装配要求；对于球面透镜，磨边还有一个重要作用，就是校正透镜在研磨抛光过程中很难完全避免的偏心，即校正两球心连线（光轴）与外圆对称轴（几何轴）的偏离。

根据透镜的使用要求，光学设计时往往预先给定这种偏离的大小，并用符号 C 表示。定心磨边就是使透镜满足这种技术要求。

9.1 偏心与定心方法

9.1.1 偏心及其产生原因

透镜在粗磨成型、细磨抛光过程中，由于磨损不均匀，往往造成球面相对倾斜或偏移，出现边缘厚度不一致，结果使光轴和几何轴不重合，如图 9-1 所示。

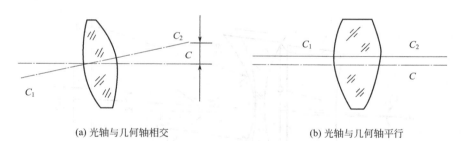

(a) 光轴与几何轴相交   (b) 光轴与几何轴平行

图 9-1　透镜的中心偏差

造成零件磨损不均匀的原因较多，如开球面时，球面顶点不在毛坯中心；粗磨时用力不均匀，上盘时镜盘顶点偏离旋转中心；胶黏剂软化，零件走动；研磨抛光时各工艺参数调节不合理等。

9.1.2 偏心的计量

偏心如何计量，按要求不同，可有以下两种方法。

（1）角偏移计量法

以被定心表面相对定位面（定位轴）的角偏移表示。定位面可以是某一光学表面或者侧圆柱面。这种方法对偏心的计量准确精度高，是正在推广的一种方法。

（2）线偏移计量法

以透镜外圆几何轴和光轴在透镜曲率中心处的线偏离表示。这种表示方法不能确切表示出两轴相互位置以及各面偏心对像差贡献的大小，但它适合目前使用的仪器和磨边工序的加工目的，特别是单透镜的情况，故仍被广泛采用。

9.1.3 常用定心方法

按现行的定心工艺，以磨边机主轴（粘结透镜的夹头安装在此轴上）为基准，使光轴和主轴重合。磨边机主轴即磨边时的回转轴，亦即磨边后透镜的几何轴。所以实际上是以几何轴为基准定心，使光轴向几何轴靠拢。这是实际工艺中的基准关系，不同于光学设计中光轴是基准的情况。

如何使光轴与主轴重合，常见方法有以下几种。

（1）透镜表面反射像定心法

这种方法不需要观察仪器，直接用肉眼观察，简单易行。如图 9-2 所示，定中心接头的轴线与机床的回转轴重合，其端面 MN 精确地垂直于其轴线，将透镜胶于接头端面 MN 上，如果胶层非常均匀，则透镜表面 1 的球心必然在接头的轴线上。这时，只要再使表面 2 的球心也在接头的轴线上，就实现了透镜的定心。将一白炽灯 A 放在透镜前方，并观察经透镜表面 2 反射后所成的像 A'，若透镜表面 2 的球心不在回转轴 A_1A_2 上，当接头转动时，光轴将绕 A_1A_2 轴转动，灯像 A' 也将相应地沿箭头方向转动，灯像跳动量的大小实际上放映出光轴偏移量的大小。对于反射凹面，若灯 A 置于通过该面球心并垂直于轴线的平面内，则灯像跳动量的大小就等于中心偏差的 4 倍。如果调整到灯像完全不动，则表明透镜光轴与接头轴线重合，透镜定心完成。这种定心方法的缺点是精度较低，故较少采用。

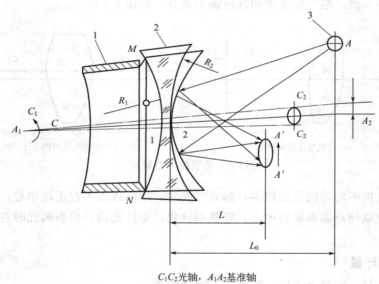

C_1C_2光轴，A_1A_2基准轴

图 9-2　表面反射像定心法

1—定心接头；2—透镜；3—光源

（2）透镜球心反射像定心法

当要求较高定心精度时，广泛采用球心反射像定心法。光学原理如图 9-3 所示，采用一个自准直显微镜使透镜的球心 C_1 与显微镜的工作点重合，十字丝像的跳动量用带网格分划板的读数显微镜测量。当透镜的前表面有中心偏差 c 时，十字丝像跳动量为 4β，β 为显微镜的横向放大率，若分划板的分划格值为 b，则十字丝像跳动格数为

$$N = \frac{4c\beta}{b} \tag{9-1}$$

这种定心法误差观察明显，提高了测量精度。要说明的是在这种方法中，透镜后表面

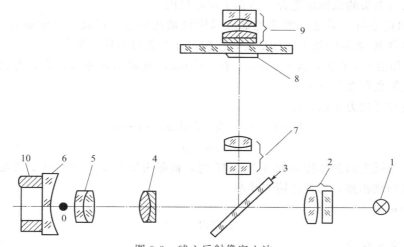

图 9-3　球心反射像定心法

1—光源；2—聚光镜；3—分划板；4—物镜；5—可换物镜；

6—工件；7—物镜；8—分划板；9—目镜组；10—接头

（与接头的粘结面）的定心一般是靠接头实现的，但若接头修整未达到要求或者对中心偏差要求极高的情况下，必须同时观测后表面球心像的跳动量。透镜后表面球心像的位置可以由几何光学公式计算出，此处从略。

（3）机械自动定心法

光学定心精度高，但是效率低，操作复杂，不适应中等精度大批量生产的要求，因此出现了机械法定心。

① 原理　机械法定心是将透镜放在一对同轴精度高、断面精确垂直于轴线的接头之间，借助弹簧力夹紧透镜，根据力的平衡来实现自动定心的，如图 9-4 所示。

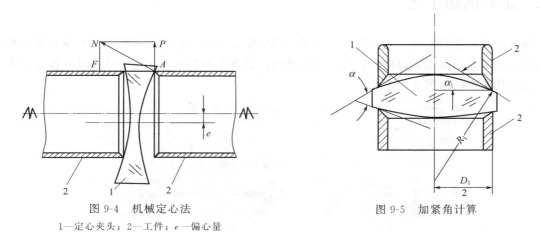

图 9-4　机械定心法

1—定心夹头；2—工件；e—偏心量

图 9-5　加紧角计算

当透镜刚夹入夹头时，透镜的光轴与夹头的机械轴不重合，夹头端面的刃口与透镜只有一个点接触，见图 9-5 所示。在接触点 A，由于弹簧力的作用产生力 F，F 分解成夹紧力 N 和定心力 P。定心力 P 将克服透镜与接头之间的摩擦力，使透镜沿垂直于轴线的方向移动，夹紧力 F 将推动透镜沿轴线方向移动。当透镜光轴与机床主轴重合时，定心力达到平衡状态，透镜光轴与夹头的机械轴重合，达到了定心目的。

②　透镜的定心角　不是有所透镜都能采用机械法定心，因此，光学镜片在定心之前，可计算定心系数 K 来判断加工的难易度，作为设计工艺与夹具的参考。

由图 9-4 和图 9-5 看出，$N = F\cos\alpha$，$B = F\sin\alpha$，夹紧角 α 越大，定心力越大，定心精度就越高。夹紧角可做如下计算。

因定心力与摩擦力平衡，即

$$B = F\cos\alpha \quad 或 \quad F\sin\alpha = \mu F\cos\alpha$$
$$\tan\alpha = \mu \tag{9-2}$$

当抛光面与钢之间的摩擦系数 μ 为 0.15 时，极限夹紧角 $\alpha_{\min} = 8°30'$，考虑两个面的作用，双凸或双凹则相加，弯月透镜则相减。

由 $\tan\alpha = \mu$ 得

$$D/2R = \mu \tag{9-3}$$

式中　D——夹头直径；

　　　R——球面曲率半径。

由此得到一般定心条件：

$$K = \left| \frac{\dfrac{D_1}{R_1} \pm \dfrac{D_2}{R_2}}{4} \right| \tag{9-4}$$

双凸、双凹透镜取"＋"号，弯月透镜取"－"号，定心系数 $K > 0.15$ 时，定心可行；$0.1 < K < 0.15$ 时，定心可能，但精度较差；当 $K < 0.1$ 时，定心很难实现。显然，在同样直径的条件下，透镜曲率半径越小，定心精度越高。一般情况下，适用于曲率半径不太大（$R < 180\text{mm}$）和直径在 6～70mm 的透镜定心，定心精度一般为 0.01mm。

9.2　定心磨边工艺

如前所述，定心磨边工艺有两类：一是以光学定心仪或其他定心方法先校正偏心量，然后磨边；二是采用自动磨边机床，自动定心磨边。以下主要叙述光学法中球心反射像定心磨边工艺。其实物图如图 9-6 所示。

(a) 整机　　　　　　　　　　　　(b) 镜片安装完成待磨边

图 9-6　定心磨边机

9.2.1　定心磨边准备工作

（1）选择所用定心夹头

检验其是否可用，误差太大则应修整。

① 夹头直径确定，可根据以下两个条件：

a.夹头直径 D 小于零件直径 ϕ 约 $0.2\sim0.3$mm，此处 ϕ 为磨边完工直径；

b.满足定心系数 K 的要求，一般情况下应有 $K>0.15$，据此，R 已知，可算出 D 要求的最小数值。

② 夹头的其他要求：

a.夹头轴与磨边机主轴同轴度应在 $0.003\sim0.005$mm 以内；

b.夹头端面与几何轴垂直度在 $0.003\sim0.005$mm 以内；

c.夹头壁厚 1mm，壁的端部呈锥面；

d.和零件粘结部分粗糙度 $R\leqslant0.05\mu$m（抛光面）；

e.材料的导热性要好，耐磨、变形小，一般用黄铜制作。

③ 夹头修整　夹头如不符合上述要求，应当修整。由于精度要求高，一般是将夹头直接装在磨边机的主轴上。在磨边机导轨上安装刀架精车后，用金相细砂纸研磨，最后用棉花球蘸上抛光液手工抛光，用乙醚、酒精混合液清洗。

（2）球心像校正点位置确定

所谓校正点就是透镜表面球心像所处的位置。当定心仪物镜前焦点置于校正点上时，球心反射像可以在目镜分划板上清晰地观察到。

透镜前表面（非粘结面）的校正点与它的曲率中心（球心）置于同一纵向位置。到前表面的距离 $x_2=R_2$，如图 9-7 所示，则定心仪物镜（顶焦距为 LF）到被定心透镜前面顶点距离 L_2 可知

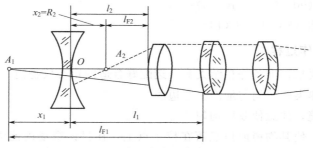

图 9-7　定心仪与透镜间关系

$$L_2=LF_2+R_2 \tag{9-5}$$

式中，凸面时 R_2 取负值，凹面时 R_2 取正值。透镜后表面定心，一般靠夹头端面垂直度保证，不需要观察球心像跳动。当要检验时，则要计算 x_1 的值：

$$L_1=LF_1-x_1 \tag{9-6}$$

（3）定心仪物镜选择原则

为适合不同曲率半径的透镜定心，定心仪物镜分两部分，最外面部分是可更换的。可换物镜选择的原则如下。

① 定心凸面时，可换物镜顶焦距 LF 必须大于 R_2，因为此时 R_2 为负值。球心在透镜后面，$L_2=LF-|R_2|>0$，L_2 值一般不得少于 10mm，否则会造成定心仪物镜可能撞击，被定心透镜或物镜焦点根本落不到球心上。

② 保证一定的球心像跳动量　为保证球心像有一定的跳动量，要求可换物镜放大倍数要合适。过大，像的跳动量大，不易找像；过小，像的跳动范围小，格值大，精度低。球心反射像在分划板上的合适跳动格数 N 可按下式确定：

$$c = \frac{Nb}{4\beta} \tag{9-7}$$

式中　c——定心时要求达到的偏心差，在零件图上已给出；

　　　　b——分划板分划格值，一般取 $b=0.04\text{mm}$/格；

　　　　β——可换物镜对应的系统放大率。

当 $b=0.04$ 时，β 应取 $2.5x$。

例如，当 $c=0.01$ 时，N 取 $1\sim 2$ 比较合适。

(4) 磨边胶特征及配比

磨边胶用于将透镜粘结于夹头上。必须具备以下特征：

① 粘结强度大，经得起砂轮磨削时的拉力；

② 稍热即软化，便于移动透镜定心；

③ 容易清洗去除；

④ 中性，不腐蚀玻璃，无杂质。

因为粘结面一般也是光学面，不允许因磨边操作不慎而出现损伤，使前面的各道工序前功尽弃。

目前常使用的能满足上述各项特性的配方有：

① 松香＋胶 1∶1 配比；

② 松香＋黄蜡 $(90\sim 95)∶(10\sim 5)$；

③ 松香＋矿物油 $(86\sim 95)∶(14\sim 5)$。

9.2.2　定心磨边操作过程

① 按加工图纸要求，准备好粘结夹头，选配好合适的定心仪物镜。

② 用酒精灯加热夹头，均匀地涂上磨边胶。

③ 迅速粘上物镜，注意使胶层均匀。

④ 移动定心仪，使其物镜前焦点落在校正点上，在目镜视场内能清晰地看到球心反射像（亮十字像）。

⑤ 用手转动夹头，观察球心反射像的跳动量是否在规定范围内，如偏大，趁透镜在未完全固定前移动透镜在夹头上的位置（贴着夹头端面稍加挤压），直到球心反射像不跳动或跳动在规定的范围内。

⑥ 开动机床，移动砂轮拖板磨削外圆，达到图纸规定尺寸。磨削时，同时开通冷却液，砂轮线速度以 $15\sim 35\text{m/s}$、工件线速度 $0.3\sim 2\text{m/s}$、进刀量以 $0.01\sim 0.08\text{mm}$ 为宜。

⑦ 倒角，用成型砂轮倒角或用倒角模倒角。

⑧ 加热夹头，拆下零件，清洗、擦干送下道工序或保存。

⑨ 关闭机床，清洗工作场所。

9.2.3　磨边中常见缺陷及克服方法

在磨边过程中经常会出现各种缺陷，必须及时进行原因分析和采取相应克服办法。

（1）崩边破口产生原因

① 砂轮或磨轮表面不平，或已磨钝后微孔堵塞，砂轮以选中软硬度为宜。

② 砂轮粒度太粗，工件越小，粒度越细，见表 9-1。

表 9-1　常用砂轮种类

砂轮种类	粒度/号（#）	砂轮线速度/（m/s）	适用范围工件直径/mm
碳化硅	180～240	25	<25
碳化硅	180	28	25～28
碳化硅	120	32	>80
金刚石	280	32	<25
金刚石	240	34	>50

③ 砂轮进力量太大，或进给太快。

④ 砂轮和工件轴的相对跳动太大。

⑤ 砂轮或透镜转速选择不当。

（2）透镜外径出现椭圆或锥度，产生原因

① 砂轮与工件的径向跳动太大。

② 夹头端面与工件轴不垂直。

③ 往复运动方向与砂轮工作面不平行。

（3）表面疵病等级下降产生原因

① 夹头端面不光滑而划伤。

② 胶黏胶不清洁或对透镜起腐蚀作用。

③ 机械定中心时压力过大。

④ 冷却液对玻璃起腐蚀作用。

⑤ 倒角时擦伤。

⑥ 清洗时擦伤。

思　考　题

1. 透镜的光轴、几何轴、偏心各是什么含义？

2. 定心磨边时，定心标准是什么？磨边时的基准是什么？

3. 透镜定心方法有哪几种？如何采用透镜的球心反射像定心？

4. 平面零件是否需要定心磨边？

5. 定心夹头有什么要求？怎样修整？

6. 磨边常出现的缺陷有哪些？如何克服？

第 10 章 光学零件的镀膜工艺

光学仪器在使用过程中对光学零件的光学表面特性会提出特殊要求：要求有较高的反射率或透射率；要求一部分光反射一部分光透射；要求只允许某一特定波长的光透过；要求由自然光得到偏振光等。为了达到设计要求，必须在光学零件表面镀制一层或多层光学薄膜，这种技术叫做光学薄膜技术。光学薄膜技术一直是光学领域中不可忽略的重要基础技术，而且品质要求也越来越高。从精密仪器及光学设备、显示器设备到日常生活，都要应用到光学薄膜技术。比方说，眼镜、数码相机、各式家电用品，或者是钞票上的防伪技术，皆能被称之为光学薄膜技术应用的延伸。倘若没有光学薄膜技术作为发展基础，近代光电、通讯或是镭射技术发展速度将无法有所进展，这也显示出光学薄膜技术研究发展的重要性。

10.1 光学薄膜

10.1.1 光学薄膜的定义

薄膜是一种薄而软的透明薄片，用塑料、胶黏剂、橡胶或其他材料制成。聚酯薄膜科学上的解释为：由原子、分子或离子沉积在基片表面形成的二维材料。

光学薄膜是附着在光学零件表面的介质膜层，用于控制光线或保护光学元件表面，是光学技术的一个重要组成部分。其应用金属或电介质等材料作为膜层物质在光学零件上镀制一层或多层薄膜，利用光线在这些膜层上的多次干涉效应而获得要求的光学效果。

10.1.2 光学薄膜的种类

光学薄膜的种类很多，按照结构组成可分为单层、双层、三层、多层，每一层膜厚只有一个波长的几分之一。随着镀膜技术的发展，现代光学镀膜已经可以达到几十层。

按照光学性能可分为减反射膜（增透膜）、反射膜、分光膜、滤光膜、偏振膜、导电膜、保护膜等，随着现代光学的发展，各种新型功能薄膜正在不断开发出来。而每种光学元件都会因为用途不同，有不同的技术指标要求。

（1）减反射膜

减反射膜的作用是使投射到膜层上的光绝大部分透过，也称为增透膜。增透膜可以增加光学系统的透射率，减小光学系统的反射率及杂散光影响，改善光学仪器的色平衡，如图10-1 所示。

（2）反射膜

反射膜的作用是使指定波长的光线在膜层上大部分或者接近全部地反射，即增大反射率。它有两种形式：镀在光学零件前表面上，称为外反射膜，如图 10-2(a) 所示；镀在光学零件后表面上，称为内反射膜，如图 10-2(b) 所示。

根据膜层材料的不同，反射膜分为金属反射膜、电介质反射膜、金属-介质反射膜。

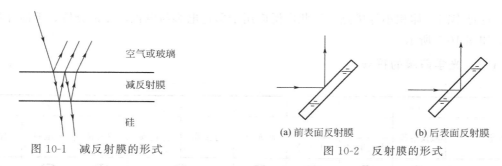

图 10-1　减反射膜的形式

(a) 前表面反射膜　　(b) 后表面反射膜

图 10-2　反射膜的形式

（3）分光膜

分光膜的作用是将投射到膜层的光束，按照一定比例的光强度或光谱分布要求或偏振要求，分成反射和透射两束光。

① 强度分光膜　它使投射到膜层上的光束按照一定比例的光强度分成反射和透射两束光。用透射率和反射率之比——透反比表示。常见的是透射率和反射率相同的半透半反膜。一般有两种形式：一种是镀在平板上；另一种是镀在直角棱镜的斜面上，再用另一块直角棱镜保护，如图 10-3 所示。

② 光谱分光膜　使投射到膜层上的光线中的某一部分波长的光反射，另一部分波长的光透射。从而光束分成两种波段的光，如图 10-4 所示。

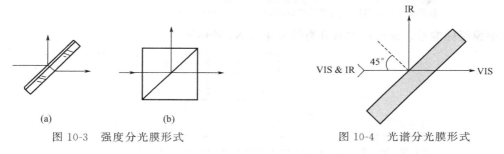

(a)　　　　　　(b)

图 10-3　强度分光膜形式

图 10-4　光谱分光膜形式

③ 偏振分光膜　它将入射光分成 P 分量的透射光和 S 分量的反射光。棱镜偏振分光膜如图 10-5 所示，它是在两种不同折射率膜层的界面上使入射角满足布儒斯特条件，采用多层膜使光束的 P 分量反射为零，S 分量反射最大。图 10-6 为平板偏振分光镜。

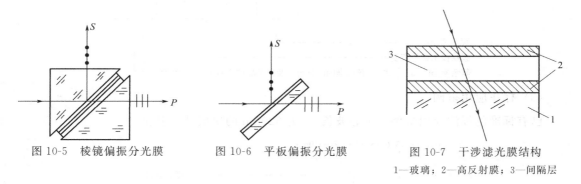

图 10-5　棱镜偏振分光膜　　　图 10-6　平板偏振分光膜　　　图 10-7　干涉滤光膜结构

1—玻璃；2—高反射膜；3—间隔层

（4）干涉滤光膜

干涉滤光膜的作用是只允许指定波长的单色光透过或反射。由于干涉滤光膜具有单色性好、透过率高、体积小等优点，因此广泛应用于彩色电影与电视、光谱分析、干涉计量等领域，如图 10-7 所示。

10.1.3　光学薄膜的符号

序号	1	2		3	4	5	6	7	8
种类	减反射膜	反射膜		滤光膜	分束膜	分色膜	偏振膜	导电膜	保护膜
		内反射膜	外反射膜						
图纸上符号	⊕	⊘	⊽	⊖	⊘	⊕	⊘	⊖

10.1.4　光学薄膜的标注

（1）有标准的镀膜标注

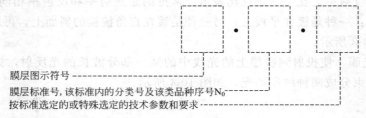

膜层图示符号 ----------
膜层标准号，该标准内的分类号及该类品种序号 N_0 ----------
按标准选定的或特殊选定的技术参数和要求 ----------

其中膜层标准号、该标准内的分类号及序号 N_0 的标注：

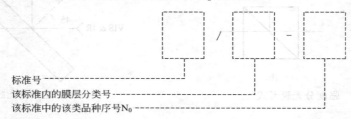

标准号 ----------
该标准内的膜层分类号 ----------
该标准中的该类品种序号 N_0 ----------

（2）无标准的镀膜的标注

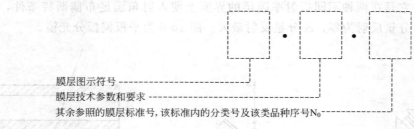

膜层图示符号 ----------
膜层技术参数和要求 ----------
其余参照的膜层标准号，该标准内的分类号及该类品种序号 N_0 ----------

（3）标注应用举例

已有标准的标注应用举例：中心波长 λ_0 为 520nm 的单层减反射膜。

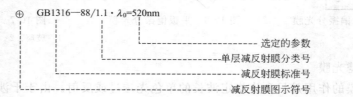

⊕　GB1316—88/1.1·λ_0=520nm

选定的参数
单层减反射膜分类号
减反射膜标准号
减反射膜图示符号

10.2　真空镀膜及其设备

镀膜技术是将光学薄膜沉积在光学元件表面的制造过程。按其镀制方法有化学法、物理法（真空镀膜）。

化学镀膜法是利用化学反应在光学零件表面产生光学薄膜的方法。常用于制取银反射膜、二氧化硅增透膜以及在铝膜上制取氧化铝保护膜等。

物理镀膜法是利用物理效应在光学零件表面淀积光学薄膜的方法。其中在真空条件下，物质在高温熔化后快速蒸发或高温下升华，从而在零件表面淀积成光学薄膜的真空镀膜法，具有光学薄膜质量好、生产效率高、适应范围广等优点，因此日益成为光学薄膜镀制技术中的主要方法，同时也是其他领域必不可少的技术。

10.2.1　真空及真空镀膜原理

（1）真空

1643 年，意大利物理学家托里拆利（E. Torricelli）首创著名的大气压实验，获得真空。真空是指低于一个大气压力的气体状态，并非绝对没有气体分子。自然真空是指气压随海拔高度增加而减小，存在于宇宙空间。人为真空是用真空泵抽掉容器中的气体。

真空度是表明真空状态中气体稀薄程度的量。真空度用气体压强大小表示，压强低则真空度高。压强单位为毫米汞柱，1 标准大气压＝760mmHg＝760Torr（托），1 标准大气压＝1.013×105Pa，1Torr＝133.3Pa。压强低于 1mmHg 时，用负指数表示，如 1×10^{-5}Torr、2×20^{-4}Torr 等。真空镀膜常用真空度为 10^{-6}Torr，此时分子密度仍有 3.29×10^{10} 个/cm^3。

（2）真空镀膜原理

真空镀膜是在真空条件下，对光学零件进行镀膜的工艺过程。在真空中制备膜层，包括镀制晶态的金属、半导体、绝缘体等单质或化合物膜。

真空镀膜法是一种利用物理现象进行光学零件镀膜的方法，其基本原理就是利用真空条件加热金属或介质材料，在一定温度下发生气化，即被加热的金属或介质的分子从本体逸出而形成蒸气，以直线形式向四面八方辐射。如果在一定距离旋转待镀零件，蒸发分子以高速撞击而凝聚在待镀零件上，形成所需要的均匀薄膜。

虽然化学汽相沉积也采用减压、低压或等离子体等真空手段，但一般真空镀膜是指用物理的方法沉积薄膜。真空镀膜有三种形式，即蒸发镀膜、溅射镀膜和离子镀膜。需要镀膜的元件称为基片或基材，镀的材料称为靶材，主要金属材料为金、银、铜、锌、铬、铝等，其中用得最多的是铝，基片与靶材同在真空腔中。

① 蒸发镀膜　在真空中把制作薄膜的材料加热蒸发，使其淀积在适当的表面上，称为蒸发镀膜。蒸发镀膜设备结构如图 10-8 所示。

蒸发物质如金属、化合物等置于坩埚内或挂在热丝上作为蒸发源；待镀工件，如金属、陶瓷、塑料等基片置于坩埚前方。待系统抽至高真空后，加热坩埚使其中的物质蒸发。蒸发物质的原子或分子以冷凝方式沉积在基片表面。

薄膜厚度可由数百埃至数微米。膜厚决定于蒸发源的蒸发速率和时间（或决定于装料量），并与源和基片的距离有关。对于大面积镀膜，常采用旋转基片或多蒸发源的方式

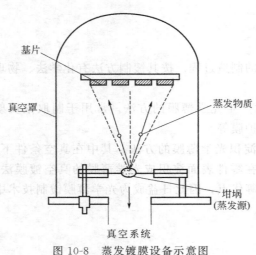

图 10-8　蒸发镀膜设备示意图

以保证膜层厚度的均匀性。从蒸发源到基片的距离应小于蒸气分子在残余气体中的平均自由程，以免蒸气分子与残气分子碰撞引起化学作用。蒸气分子平均动能约为 0.1～0.2eV。

此方法的特点是能在金属、半导体、绝缘体甚至塑料、纸张、织物表面上沉积金属、半导体、绝缘体、不同成分比的合金、化合物及部分有基聚合物等的薄膜，其适用范围之广是其他方法无法与之比拟的。可以不同的沉积速率、不同的基板温度和不同的蒸气分子入射角蒸镀成膜，因而可得到不同显微结构和结晶形态（单晶、多晶或非晶等）的薄膜；薄膜的纯度很高；易于在线检测和控制薄膜的厚度与成分；厚度控制精度最高可达单分子层量级。

② 溅射镀膜　用高能粒子轰击固体表面时能使固体表面的粒子获得能量并逸出表面，沉积在基片上。常用的二极溅射设备如图 10-9 所示。

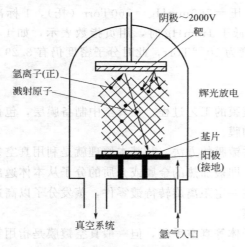

图 10-9　二极溅射示意图

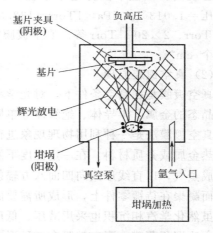

图 10-10　离子镀系统示意图

通常将欲沉积的材料制成板材——靶，固定在阴极上。基片置于正对靶面的阳极上，距靶几厘米。系统抽至高真空后充入 10～1Pa 的气体（通常为氩气），在阴极和阳极间加几千伏电压，两极间即产生辉光放电。放电产生的正离子在电场作用下飞向阴极，与靶表面原子碰撞，受碰撞从靶面逸出的靶原子称为溅射原子，其能量在 1eV 至几十电子伏范围。溅射原子在基片表面沉积成膜。

其特点为溅射镀膜不受膜材熔点的限制，可溅射 W、Ta、C、Mo、WC、TiC 等难熔物质。溅镀具有电镀层与基材的结合力强，电镀层致密、均匀等优点。溅射粒子几乎不受重力影响，靶材与基板位置可自由安排，薄膜形成初期成核密度高，可生产 10nm 以下的极薄连续膜，靶材的寿命长，可长时间自动化连续生产。靶材可制作成各种形状，配合机台的特殊设计做更好的控制及最有效率的生产。溅镀利用高压电场发生等离子镀膜物质，使用几乎所有高熔点金属、合金和金属氧化物，如铬、钼、钨、钛、银、金等，但加工成本相对较高。

③ 离子镀　离子镀是真空热蒸发和溅射两种技术结合而发展起来的一种新工艺。

蒸发物质的分子被电子碰撞电离后以离子沉积在固体表面，称为离子镀。一种离子镀系统如图 10-10 所示。

蒸发源接阳极，工件接阴极，当通以 3～5kV 高压直流电以后，蒸发源与工件之间产生辉光放电。由于真空罩内充有惰性氩气，在放电电场作用下部分氩气被电离，从而在阴极工件周围形成一等离子暗区。带正电荷的氩离子受阴极负高压的吸引，猛烈地轰击工件表面，致使工件表层粒子和脏物被轰溅抛出，从而使工件待镀表面得到了充分的离子轰击清洗。随后，接通蒸发源交流电源，蒸发料粒子熔化蒸发，进入辉光放电区并被电离。带正电荷的蒸发料离子，在阴极吸引下，随同氩离子一同冲向工件，当抛镀于工件表面上的蒸发料离子超过溅失离子的数量时，则逐渐堆积形成一层牢固黏附于工件表面的镀层。

其特点为镀层附着性能好，对离子镀后的试件做拉伸试验表明，一直拉到快要断裂时，镀层仍随基体金属一起塑性延伸，无起皮或剥落现象发生；绕镀能力强，因此这种方法非常适合于镀复零件上的内孔、凹槽和窄缝等其他方法难镀的部位；镀层质量好，离子镀的镀层组织致密，无针孔，无气泡，厚度均匀；清洗过程简化。目前离子镀的主要用途是制造高硬度的机械刀具和耐磨的固体润滑膜，制作金属和塑料制品制造耐久的装饰膜，也有用于制备高强度光学薄膜。低压反应离子镀已经可以镀制低损耗的光学薄膜。

(3) 真空镀膜的优点

① 大气中含有各种气体成分以及灰尘和微生物等会污染膜层或与膜层起化学作用，而高真空条件下，上述影响将大大减小，可获得比较纯净的膜层。

② 在高真空条件下，被镀材料的气化分子与空气分子的碰撞机会减少，平均自由路程大，因而容易到达被镀零件表面淀积成薄膜。气体分子的平均自由路程与气体压强成反比。表 10-1 示出温度为 20℃时气体分子在不同压强的自由路程。

表 10-1　气体分子在不同压强的平均自由路程

压强/mmHg❶	760	1	1×10^{-1}	1×10^{-2}	1×10^{-3}	1×10^{-4}	1×10^{-5}	1×10^{-6}
平均自由路程/cm	6.21×10^{-6}	4.72×10^{-3}	4.72×10^{-2}	4.72×10^{-1}	4.72	4.72×10	4.72×10^{2}	4.72×10^{3}

一般真空镀膜中，蒸发距离约为 200～400mm，故压强在 10^{-5} mmHg 级就可以了。

③ 真空度高。达到饱和蒸汽压的温度低，加快被镀材料气化蒸发速度。如铝材料，在一个大气压下需加热到 2400℃才气化蒸发，压强为 10^{-5} Torr 时，841℃下就气化蒸发。

几种真空镀膜方式的比较见表 10-2。

---

❶　1mmHg＝133Pa。

表 10-2　几种真空镀膜方式的比较

镀膜法		粒子能量区分	作业方式
PVD	蒸镀	0.1～1eV	感应热蒸镀
			电弧热蒸镀
			电子束蒸镀
			分子束蒸镀
	溅镀	10～100eV	反应溅射
			磁控溅射
			对向靶溅射
	离子镀	数十 eV～5000eV	离子式镀膜
CVD		化学反应热扩散	PECVD
			LPCVD

10.2.2　真空镀膜机

用来进行真空镀膜的设备称为真空镀膜机。其型号用 GDM 和 DM 表示。前者表示高真空镀膜机。镀膜机的规格按镀膜室内径尺寸标准分成 300、450、700、1000mm 4 种。如 GDM-50，表示高真空镀膜机镀膜室内径为 450mm。按真空室形式又可分为钟罩式真空镀膜机和箱式真空镀膜机两种，如图 10-11 和图 10-12 所示。

图 10-11　钟罩式真空镀膜机

图 10-12　箱式真空镀膜机

真空镀膜机主要由排气系统、蒸发装置、膜厚控制装置、电气系统四部分组成，如图 10-13 所示。

（1）排气系统

排气系统为镀膜机真空系统的重要部分，保证真空室内达到所要求的真空度，主要由机械泵、油扩散泵两大部分组成。机械泵先将真空腔抽至小于 2.0×10^{-2} Pa 左右的低真空状态，为扩散泵后继抽真空提供前提，之后当扩散泵抽真空腔的时候，机械泵又配合油扩散泵组成串联，以这样的方式完成抽气动作。如图 10-14 所示。

① 机械泵　机械泵对真空室及扩散泵进行抽气，种类很多，常用的有滑阀式（主要应用于大型设备）、活塞往复式、定片式和旋片式四种类型。旋片式机械泵目前应用最广泛，现进行主要介绍，如图 10-15 所示。它根据气体的体积缩小（扩大）则其压力增大（减小）的原理工作。在定子缸 7 内偏心地装着转子 6，转子槽中装两块旋片 4。由弹簧 5 作用而紧贴于缸壁。因此，定子缸 7 上的进、排出口被转子和旋片分成两部分。转子 6 在缸内旋转，一个

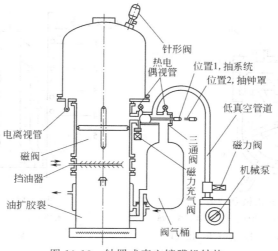

图 10-13　钟罩式真空镀膜机结构

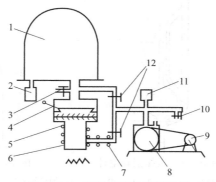

图 10-14　真空镀膜机排气系统

1—真空室；2—电离真空计；3—真空室放气阀；4—压阀；5—冷却水出口；6—油扩散泵；7—冷却水
进口；8—机械泵；9—电机；10—机械泵放气阀；11—热电偶真空计；12—真空阀门

旋片周期性地将进气口方面的容积逐渐扩大而吸入气体，另一旋片又逐渐缩小排气口方面容积，将已吸入的气体压缩，从排气阀排出。泵内充以真空泵油，防止漏气和增加润滑作用。

② 扩散泵　机械泵的极限真空只有 10^{-2} Pa。当达到 10^{-1} Pa 的时候，实际抽速只有理论的 1/10，如果要获得高真空，必须采用油扩散泵。由于油扩散泵是最早用来获得高真空的泵，其造价便宜，维护方便，使用广泛。它是一种从低真空进一步获得高真空（10^{-6} ～ 10^{-7} mmHg）的次级泵。扩散泵是利用定向运动的油蒸气流排除气体的作用而从待抽容器中抽出气体的，如图 10-16 所示。底部油槽内的油被加热后变成蒸气，以很快的速度上升，遇到伞状挡板后高速下降，形成气流，带出气体分子，排出管道口，由机械泵抽出，而油蒸气碰到外壁用水冷却的泵壁凝结而流回油槽。如此循环反复，直至真空度符合要求。

③ 真空度测量装置　真空计是真空镀膜机器上的重要组成部分，它是检测镀膜机真空度的重要手段。真空计根据其工作原理可以分为绝对真空计和相对真空计，绝对真空计可以直接测量压强的高低，如 U 形计（图 10-17）、压缩型真空计（图 10-18）。相对真空计直接测量与压强有关的物理量，再与绝对真空计相比较进行标定，如热电偶真空计（热传导真空计）、热阴极电离真空计、B-A 真空计（超高真空热阴极电离计）。

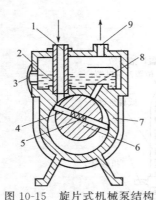

图 10-15　旋片式机械泵结构

1—进气口；2—真空泵油；3—油标；4—旋片；5—弹簧；6—转子；7—定子缸；8—排气阀；9—出气口

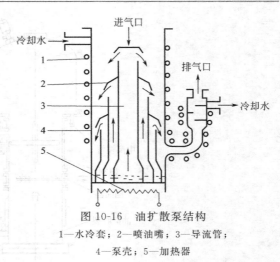

图 10-16　油扩散泵结构

1—水冷套；2—喷油嘴；3—导流管；4—泵壳；5—加热器

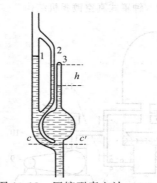

图 10-17　U 形计

测量范围：$10^5 \sim 10$Pa

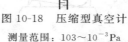

图 10-18　压缩型真空计

测量范围：$10^3 \sim 10^{-3}$Pa

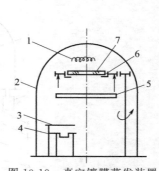

图 10-19　真空镀膜蒸发装置

1—加热罩；2—钟罩；3—挡板；4—蒸发器；5—离子轰击电极；6—旋转蒸镀支架；7—镀件

④ 管道与真空阀门　管道用于系统中各部分的连接。真空阀门用于控制系统中各部分的通路。管道与真空阀门都必须严格密封。

（2）蒸发装置

它是完成真空镀膜工艺的重要部件，由真空室、蒸发器、旋转蒸镀支架、挡板、离子轰击电极、加热罩等组成，如图 10-19 所示。

① 真空室　它是底盘和钟罩形成的密闭空间，其他的蒸发设施及被镀零件都安置在其中，它必须既能严格密封又能灵活启闭，如图 10-20 所示。

② 蒸发器　它的作用是使膜层材料蒸发，有电阻加热器、电子束蒸发装置、反应蒸发装置、溅射装置四种主要类型。

a. 电阻加热器　电阻加热器由加热电极与蒸发源组成，加热电极由低压大电流的电源供电。当电流通过蒸发源时，产生高温，将其承载的膜层材料加热到汽化点而蒸发。

蒸发源的形式主要有螺旋式、篮式、发叉式、浅舟式等，如图 10-21 所示。

蒸发源材料必须具有足够高的熔点和化学稳定性，以及良好的机械性。常用的蒸发源材料如表 10-3 所示。比较完善的真空镀膜机里，在不同的部位设置两对甚至三对蒸发源以适应镀多层膜的要求。

图 10-20　真空腔室内部结构图

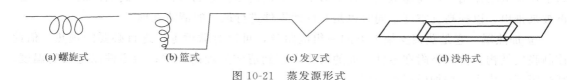

(a) 螺旋式　　　　(b) 篮式　　　　(c) 发叉式　　　　(d) 浅舟式

图 10-21　蒸发源形式

表 10-3　常用蒸发源材料

材料名称	钨	钽	钼	铂	石墨
化学符号	W	Ta	Mo	Pt	C
熔点/℃	3380	3000	2620	1770	3700

b. 电子束蒸发装置　采用电子束蒸发装置可以获得性能优良的高熔点的金属或氧化物薄膜，为真空镀膜技术开辟了一条新的途径。

从物理学知道，在常温状态下，金属内部的一部分自由电子获得足够能量，会逸出金属表面，产生热电子发射。如果把此金属作为电子发射源并加以一定的电磁场时，发射电子在电场中将向阳极方向运动，电场的电压越大，电子的运动速度越快。

c. 反应蒸发装置　氧化物薄膜折射率范围广，化学稳定性好，机械强度高，是较为理想的光学薄膜。但大多数氧化物材料蒸发时，蒸气中除氧化物分子外，还有分离的氧原子和低价氧化物；另外，氧化物分子中的个别元素的汽化点不同，使氧化物的蒸发缺乏一致性，导致蒸气及淀积薄膜的化学成分与膜层材料不同，为了获得可控化学成分的薄膜，出现了反应蒸发技术。反应蒸发要在氧压较高的状态下进行，真空度维持在 10^{-2}Pa 数量级，此时膜层材料的蒸气分子与氧分子在基底上碰撞，它们中的一部分被基底吸附并进行化学反应，生成氧化物薄膜。若用高压电离氧分子进行反应结合，即离子氧蒸发技术，能显著增进氧化反应，生成氧化物膜层的化学成分更接近于膜层材料。为了使逸出的离子氧发生复合的机会减少，将整个离子氧源放在真空室中，氧气进入量由真空针阀调节。

d. 溅射装置　阴极溅射利用剩余气体分子在强电场作用下发生电离，电离后的正离子在场的作用下向阴极方向做高速运动，撞击并把自己的能量传递给位于阴极面上的溅射靶子，使靶原子（分子）脱离靶面而淀积在基底上形成所需要的薄膜。为得到均匀的膜层，必须使镀件表面各部分与阴极等距离，同时阴极面积要比被镀零件大 20%～25%，以免零件边缘的膜层减薄。阴极溅射常用于镀制金属反射膜和阶梯减光板。

在阴极溅射时，可利用充氧等方法来制备氧化物薄膜，称为"反应溅射"。如果在真空室的剩余气体中有氧以外的活泼气体存在时，则有可能产生氧化物以外的其他化合物，如氮化物、硫化物等，因此利用反应溅射可以制造比氧化物更为广泛的化合物薄膜。

若在两极之间加以高频高压，成为高频溅射，能得出结构紧密、牢固度好的电介质薄膜。此外，还有射频电弧蒸发、激光蒸发等装置。

③ 蒸镀支架 它用于放置欲镀的光学零件。为使备零件镀得厚度均匀一致的膜层，它需按 $30\sim60r/min$ 匀速旋转，同时高度与蒸发源到中心的距离应符合一定的关系。

④ 挡板 它位于蒸发源和蒸镀支架之间，在停止蒸镀时可以迅速挡住蒸发的蒸气分子，不让其镀到零件上，在预熔时还可以防止杂质蒸镀（污染）到零件上。

⑤ 离子轰击电极 它是蒸镀支架下面的纯铝圆棒，用玻璃棒支承着并与负高压电极连接，当真空度为 $1\sim10^{-1}Pa$ 时，在铝棒底盘间加直流高压，使真空室里的残余气体电离，离子在强电场作用下，高速地撞击钟罩器壁和欲镀的零件，将吸附在它们上面的气体轰走，再被泵排出，以提高真空度，同时也是对欲镀零件进行最后的清洁处理。

⑥ 加热罩 它是蒸镀支架上方的一组电阻丝，可以对欲镀零件进行必要的预热。借此控制膜层结构；排除吸附在零件表面的气体，起到清洁处理的作用；给零件以适当的温度，减少膜层内应力，增加膜层牢固度。

（3）膜厚控制系统

薄膜监控目前应用方式比较多，主要有目视监控、定（极）值监控、水晶振荡监控、时间监控等。这里主要介绍目视监控、定（极）值监控和水晶振荡监控三种。

① 目视监控 也叫直接监控，就是采用眼睛监控。因为薄膜在生长的过程中干涉现象会有颜色变化，可根据颜色变化来控制膜厚度。此种方式有一定的误差，所以不是很准确，需要依靠经验。

② 定（极）值监控 定（极）值监控主要是采用反射式（透过式）光学监控。

极值监控法是当膜厚度增加的时候，其反射率和穿透率会跟着起变化，当反射率或穿透率走到极值点的时候，就可以知道镀膜之光学厚度 ND 是监控波长（λ）的 $1/4$ 的整数倍。但是极值的方法误差比较大，因为当反射率或者透过率在极值附近变化很慢，亦就是膜厚 ND 增加很多，R/T 才有变化。反应比较灵敏的位置在 $1/8$ 波长处。

定值监控法利用停镀点不在监控波长 $1/4$ 波位，然后由计算机计算在波长一定时总膜厚之反射率（或者穿透率）是多少，此即为停止镀膜点。

③ 水晶振荡监控 水晶振荡的工作原理是利用石英晶体振动频率与其质量成反比的原理工作的。但是石英监控有一个不好之处就是当膜厚增加到一定厚度后，振动频率不全然由于石英本身的特性使厚度与频率之间有线性关系，此时必须使用新的石英振荡片。

几种监控方法各有优劣，但通常镀多层膜会以光学监控为主，石英晶体振荡为辅助的方法。

10.3 真空镀膜工艺

10.3.1 膜层形成条件与工艺准备

真空镀膜膜层质量取决于以下成膜条件。

（1）真空度

真空度愈高，膜层镀得愈牢，一般要求真空镀膜的真空度必须在 10^{-5} mmHg 以上。

（2）真空室内净化状况

真空室内一切装置，包括被镀零件，均应无尘、清洁、无油。为了保证获得优质光学薄膜，必须对被镀零件及真空室内所有装置进行净化处理。

① 被镀零件清洁处理

a.对新抛光零件，用脱脂布蘸 1∶2～1∶1 的酒精、乙醚混合液进行擦拭。要求擦拭到对零件哈气时，表面呈现均匀湿气薄层，不能有擦拭痕迹和印斑。

b.对抛光后保存较久的零件，先用蒸馏水浸湿、脱脂棉布蘸碳酸钙粉擦拭，用水洗净、擦干，再如新抛光零件镀膜前处理方法一样处理。

c.对有膜层零件，应先退膜。

② 真空室器具清洁　新制器具放在皂水内煮洗后用清水冲净、烘干；对已使用过的器具，像挡板与离子轰击棒等，每镀制一罩都得清洗一次。清洗方法有：

a.水砂纸湿擦，清水冲洗，烘烤除水；

b.不锈钢夹具或保护罩镀有较少膜时，用稀盐酸或稀硝酸腐蚀，再用水砂纸湿擦，清水冲洗、擦干、烘烤除水；

c.镀有铝膜的夹具，用氢氧化钠水溶液腐蚀，然后用水冲净、擦干、烘烤除水。

③ 离子轰击。将真空室内所有器具及基底作进一步净化处理。

（3）基底温度

基底温度影响膜层结构、密度、颗粒大小及应力。基底温度有一个最佳值。提高基底温度，主要依靠烘烤加热，一般采用碘钨灯加热或电热丝加热。

（4）膜料处理

膜料即被镀材料。在使用前需进行烘烤处理，去除吸收在里面的气体水蒸气。一般要烘烤 8h 左右，烘烤温度不能高于膜料的熔点。

（5）蒸发条件

蒸发条件包括蒸发源的使用、蒸发速率、蒸发入射角的确定等。

10.3.2　镀膜操作

（1）基本工艺过程

不论镀制什么性质的光学薄膜，都要经过如图 10-22 所示的基本工艺过程。

图 10-22　真空镀膜基本工艺过程

（2）操作步骤

真空镀制薄膜的一般操作步骤如下：

① 准备工作；

② 清洁镀膜零件；

③ 开总电源、开冷却水源；

④ 开充气阀，对真空室充气，因为真空室在平时不用时保持有一定程度的低真空，以使室内清洁干燥，充气后才能升起钟罩；

⑤ 用吸尘器、刷子再次清洁真空室，并用蘸有酒精的纱布擦洗各部件；

⑥ 安装支架和夹具；

⑦ 检查各部件是否灵活可靠，离子轰击器是否有短路现象；

⑧ 安装蒸发器、装上膜料；

⑨ 检查膜厚控制装置；

⑩ 将清洗后的零件装入夹具内；

⑪ 关闭钟罩，开动机械泵，一定时间后打开真空测量表；

⑫ 当真空度达到 $10^{-2} \sim 10^{-3}$ Torr 时，开始离子轰击，此时转换阀门使机械泵对扩散泵抽气，同时开扩散泵冷却水和加热器电源；

⑬ 扩散泵加热 40min，打开高真空阀门，对真空室抽高真空，待离子轰击光消失，切断离子轰击电源，测量高真空度；

⑭ 开启钟罩冷却水，接通烘烤电源，对零件烘烤，并转动零件支架，逐渐升至需要的温度为止；

⑮ 预熔除气，此时挡板应遮住蒸发源，避免杂质和不合格的膜料气化分子蒸镀上去；

⑯ 蒸发，开膜厚监控装置；

⑰ 关闭真空测量系统和膜厚控制仪，切断烘烤电源，关闭高真空阀门，切断扩散泵加热电源；

⑱ 冷却至室温；

⑲ 充气；

⑳ 升起钟罩，取出成品，自检、送检；

㉑ 落下钟罩，机械泵抽气片刻，切断机械泵电源；

㉒ 关闭冷却水源和总电源。

10.3.3　常用薄膜的镀制工艺

（1）单层氟化镁增透膜的镀制工艺

MgF_2 的折射率为 1.38，而且有比较好的牢固性，因此是最常用的一种增透膜材料。

MgF_2 的蒸镀工艺要点如下。

① 清洗零件　对刚抛光好的零件，可用碳酸钙轻擦表面，然后用严格脱脂的纱布蘸上酒精、乙醚混合液擦拭干净。如果零件抛光后搁置时间较长，则应用抛光液重新抛光（不能破坏表面光圈），然后清洗干净装在夹具上待用。

② 制作蒸发源　因 MgF_2 是粉状物质，所以要用舟状蒸发源进行蒸发。一般是用 0.1mm 左右厚的钼片做成钼舟，用 20% NaOH 溶液煮沸 10min，然后用清水冲洗干净，烘干后装到电极上。

③ 抽真空　先打开机械泵，对真空室抽真空。真空度到 10^{-2} mmHg 左右时，进行离子轰击，并逐步升高电压至 2000V 左右，使零件温度达到 100℃ 以上，然后抽高真空。

④ 预熔　当真空度进入 10^{-5} mmHg 时就可以对 MgF_2 加热，以去除材料中的空气和杂质，此时，必须用挡板遮住，以免杂质蒸镀到零件上。

⑤ 基底加温　烘烤基底使其表面温度为 250~300℃，这是提高膜层牢固度的关键。

⑥ 蒸镀　当真空度恢复到 5×10^{-5} mmHg 时就开始蒸镀。打开挡板，逐渐加大蒸发电流，蒸发时 MgF_2 熔化成液状，蒸发速率不应低于 2nm/s，蒸发入射角不应超过 40°，膜厚用目视法控制，对 500nm 厚的增透膜，当看到膜层上出现紫红到紫色的反射干涉色时应迅速关住挡板。

⑦ 检验　冷却半小时后充气打开钟罩，取出零件进行检验。

氟化镁单层增透膜的常见疵病、产生原因及克服方法见表 10-4 所示。

表 10-4　氟化镁增透膜的常见疵病及克服方法

疵病名称	产生原因	克服方法
膜层不牢(膜层呈片状脱落或经擦后起擦痕)	1. 基底清洁差； 2. 扩散泵返油； 3. 膜料纯度低； 4. 基底温度低； 5. 轰击不当； 6. 真空度低； 7. 蒸发角太大	1. 仔细清洁基底； 2. 杜绝返油现象； 3. 用光谱纯膜料； 4. 提高基底温度； 5. 提高轰击电压； 6. 高真空下蒸发； 7. 蒸发角度超过 40°
色斑(表面有云彩状印迹)	1. 基底上有潮气污染留下的印迹； 2. 清洁零件时留下的水印或乙醇印迹等； 3. 有返油现象	1. 仔细清洁基底； 2. 抛光表面； 3. 杜绝返油现象
脏点(膜层表面有疏散的或密集的细小点子)	1. 基底清洁差； 2. 轰击电流过大； 3. 真空室内(包括夹具)过脏； 4. 氟化镁纯度低； 5. 氟化镁蒸发速度过快	1. 仔细清洁基底； 2. 轰击电流要适当； 3. 定期清洁夹具，并加防护圈(位于轰击环下方)； 4. 用光谱纯氟化镁； 5. 蒸发时,防止氟化镁飞溅现象
膜层过厚、过薄及膜厚不均	1. 膜厚控制不准； 2. 基底与蒸发源的相对位置布置不当	1. 准确控制膜厚； 2. 合理布局基底与蒸发源之间的相对位置

（2）铝反光膜镀制工艺

铝膜是应用极为广泛的金属反光膜。金属反光膜的应用有两种情况：一是利用空气和金属之间的界面作为反射面，称为"外反光膜"；二是以基底（通常是玻璃）和金属之间的界面作为反射面，称"内反光膜"。经常用来镶制金属反光膜的材料有铝、银、铜、金、铑等。铝膜在整个光谱区域，包括紫外，可见到红外均具有极高的反射率，并且易于蒸发，同时与玻璃基底有较大的附着力。如果在铝膜表面用氧化膜加以保护，就可以获得优质铝反光镜，因此，其应用极为广泛。

① 光学零件的清洁　光学零件表面的清洁程度与铝反光膜的反射率和牢固性有很大关系。光学零件的清洁通常用脱脂棉蘸酒精进行擦拭，并用哈气法检查。

② 铝的处理　用来镀制铝反光膜的材料有箔料和丝料两种，纯度均为 99.9%~99.99%。

若使用蒸发源挡板，则铝料可免去处理，只要在蒸镀前预熔即可（预熔时挡板应挡住蒸发源），否则，必须以化学方法除去铝料表面的杂质。其处理方法如下：

将铝箔剪成宽 2~3mm、长 8~10mm 的小片，或将铝丝剪成长 6~8mm，弯成 V 形，放入 10%~15% 氢氧化钾溶液中浸泡 2~3min，用水冲洗 3~4 次，然后在铬酸溶液中浸泡

10～15min（铬酸溶液由硫酸 10%、重铬酸钾 10%、蒸馏水 80% 配制而成），倒出酸液，并用水冲 8～10 次，冲净为止，再用蒸馏水冲洗一、二次，最后用乙醚或乙醇清洗一次，然后将铝片或铝丝放入烘箱中，加温到 100～120℃，保温 2h 即可使用。

③ 镀制工艺要点

a. 真空室中若支承光学零件的支架是固定的，则用环状蒸发源；能够转动，则用条状蒸发源。光学零件和蒸发源之间的相对位置应使蒸发入射角不大于 30°。

b. 铝一般用钨螺旋丝蒸发。由于在蒸镀过程中钨被铝所侵蚀而逐渐变细，因此常采用几根钨丝拧在一起的蒸发源，可以扩大蒸发面积，亦可延长钨丝使用寿命。钨丝的直径为 0.5～1.5mm，它的选择根据蒸发源形状而定，环状蒸发源用较细的钨丝，条状蒸发源用较粗钨丝。

c. 钨螺旋的成型方法是，首先将钨丝用细砂纸擦亮，然后用蘸有酒精或乙醚的脱脂棉擦净，再在酒精灯上加热，绕制成直径 6～8mm 的螺旋。在使用前钨螺旋丝还必须在真空度高于 1×10^{-4} Torr 时进行加热，使钨丝在白炽状态保持 10～15s，以去除钨螺旋丝表面上的氧化皮层。经过加热处理后，钨螺旋丝是发亮的，这样才可把弯成 V 形的铝料用镊子夹着挂在钨螺旋丝上。

d. 蒸发时必须有 1×10^{-5} Torr 良好真空度，通常镀铝的蒸发速度在 10nm/s 以上，如能在 30nm/s 以上则更好。

e. 镀铝的基底温度通常以 50℃ 左右为宜，镀铝的轰击规范：电压 2500～2700V，电流 80～1000mA，时间 20～30min。

f. 铝膜的厚度一般在 50～200nm 之间，以刚好不透明为佳。铝膜厚度可以用观察法估计，用 60W 白炽灯泡相隔 15～20mm 的距离以透射光观察，当基本上看不见灯丝时为最好，铝膜的厚度控制采用计时方法。

g. 加镀保护膜，铝膜在空气中会自然氧化形成一层厚约 5nm 的氧化铝膜，但自然的氧化铝太薄，不能起到很好的保护作用，因此，还需另加保护膜，一般都是在蒸镀铝膜之后，接着又蒸镀一层厚为 $\lambda/2$ 的一氧化硅（SiO）作保护膜。蒸镀时用目视法在掠射光下观察薄膜表面干涉色的变化来控制其膜厚，薄膜表面的颜色变化顺序是：黄—红—紫—绿—黄红，即到第二次变为黄色或红色时，停止蒸发，这时的膜厚约为 $\lambda/2$。

纯的一氧化硅膜具有张应力，而二氧化硅膜具有压应力，若将一氧化硅保护膜在空气中加温烘烤，可在一氧化硅保护膜上又生成一层厚约 10nm 的二氧化硅层，它是透明坚固的，能改善一些紫外的吸收性能，同时对消除一氧化硅膜的张应力亦有好处。

10.4　薄膜特性检测技术

薄膜的性能检测是合格产品判别的基本手段，是工艺人员必须掌握的关键技术。随着科学技术的发展与进步，薄膜的检测技术与方法也不断改进。本节主要介绍在大批量生过程中薄膜检测普遍采用的技术与相关装置。

（1）光度计与光谱特性测量

薄膜的光谱特性测量主要是指镀膜元件透过率和反射率的测量。在紫外区、可见区最常用的检测装置是双光路分光光度计，在红外区则多采用傅立叶变换光谱仪进行测量。

① 双光路分光光度计　双光路分光光度计原理如图 10-23。从光源发出的同一束光经过分束镜被分为测试光和参考光，调制器比较两束光的光强，即可获得被测零件的透过率。在测量时必须注意，此方法仅适合于平面光学零件。

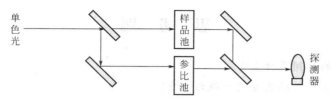

图 10-23　双光路分光光度计原理图

② 傅里叶变换红外光谱仪（FTIR 光谱仪）　FTIR 光谱仪结构原理见图 10-24，核心部件是麦克尔逊干涉仪，位于辐射光源和试样中间，由光源发出的红外辐射经麦克尔逊干涉仪产生干涉图。当光通过试样后，干涉图发生变化，通过检测器获得带有试样信息的干涉图，这是一种信号强度随时间周期变化的函数曲线图，必须经过计算机进行快速的傅里叶变换，才能得到透射率随波数变化的红外光谱图。

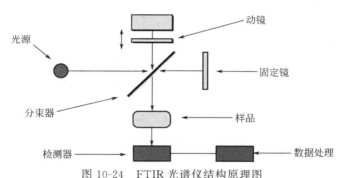

图 10-24　FTIR 光谱仪结构原理图

（2）椭偏技术

椭偏法利用偏振光在薄膜上下表面进行反射，通过菲涅尔公式得到光学常数和偏振态之间的关系，确定薄膜的折射率和厚度。该方法因其准确度高且非破坏性测量，是测量光学薄膜折射率和厚度诸多方法中最常用的一种。

（3）膜厚直接测量

测量薄膜厚度的方法较多，除了采用椭偏法、广度法等和计算外，还可以直接测量薄膜厚度。常用的测量方法有干涉法和表面轮廓测试法。采用这两种方法测膜厚必须把薄膜做成台阶，如图 10-25 所示，在基片的一半制备薄膜，而另一半为裸基片。然后利用等厚干涉原理或者轮廓扫描原理制成的测量显微镜或精密轮廓仪进行测试，即可直接获得薄膜的几何厚度。

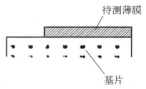

图 10-25　膜厚直接测量法

（4）抗磨强度检测

① 标准具——摩擦棒检测法　按照相关国家标准和行业标准制造的手持式膜层牢固度测试具，也称为摩擦棒，用来定量检测和评价光学薄膜的膜层牢固度和抗摩擦能力。这种摩擦棒分为重度摩擦棒和中度摩擦棒两种。

　　② 摩擦磨损实验机检测法　随着高能粒子介入薄膜制造过程中，薄膜的抗摩擦磨损的能力得到大幅度的提高。摩擦棒检测法无法评价这些高质量薄膜的抗磨强度，于是采用摩擦磨损实验机来进行定量检测。

思 考 题

1. 真空镀膜中真空的作用是什么？
2. 常用真空泵是什么？镀膜真空度一般为多少？
3. 镀制氟化镁增透膜的基本工艺有哪些？在可见光区如何用目视法控制膜层厚度？
4. 真空金属镀膜的基本工艺是什么？

第 11 章　光学零件的胶合工艺

11.1　光学零件的胶合工艺

11.1.1　概述

　　光学零件的胶合工艺是指将两个或两个以上的透镜、棱镜、平面镜，彼此吻合的光学表面，用光学胶或光胶的方法，按照一定技术要求粘结成为光学部件的工艺。在实际生产中，胶合有两方面技术要求：一是保证中心误差或角度误差，对于透镜，保证透镜的中心误差；对于棱镜或平面镜，保证棱镜的光学平行差；二是保证胶合表面实现"零疵病"的胶合，即保证胶合的抛光表面不因为胶合而降低对表面疵病的要求，同时不因为胶合而影响非胶合面的面型。

　　光学零件的胶合方法有两种，分别为胶合法和光胶法。对于大型光学零件的胶合，一般采用机械法，如图 11-1 所示。

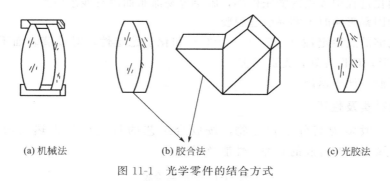

(a) 机械法　　　　　　(b) 胶合法　　　　　　(c) 光胶法

图 11-1　光学零件的结合方式

11.1.2　胶合法特点

　　胶合法与其他方法比较有如下特点。

　　① 能够满足复杂光学系统的成像要求，有利于光学系统像质的提高。例如正、负透镜的胶合可以消除球差、色差，从而改善了成像的质量；为了转像或分像，常将若干个棱镜胶合成复合棱镜。

　　② 减少表面的光能损失，增加成像清晰度。与机械法比较，机械法空气与玻璃界面的反射损失达 5%～6%，而光学胶与玻璃界面的反射损失只有 0.1% 或更小，这样将光学零件胶合在一起，可以减少空气与玻璃的分界面个数，从而减少了光能损失。

　　③ 可以简化光学零件的加工，降低制作成本。由于胶层能够补偿胶合面曲率半径的微小差异，从而可适当降低胶合面的精度要求。形状复杂的棱镜可由加工形状简单的棱镜胶合而成。如图 11-2 所示的正立棱镜，它由三块直角棱镜组成。这种复杂形状的零件，如用一块玻璃则难以制作，若分成三块加工，然后再胶合起来，可大大减小加工困难，使复杂零件制造简单化。

图 11-2　正立棱镜

④ 胶合透镜和胶合棱镜在装配与校正时，容易对准中心和校正角度。

⑤ 可用于偏振元件、刻度照相分划、光学薄膜等与保护玻璃的组合。

因此，在光学系统中广泛采用胶合法，特别适用于直径为 80～120mm 以下的透镜组合。

11.1.3 胶合工艺基本过程

光学零件胶合的过程，一般是根据零件大小及使用要求选择胶黏剂—按照零件表面精度、厚度公差及直径公差选配零件—清洗选配零件—胶合处理—定中心（透镜）或校正角度（对棱镜和平面）—退火、消除应力—检验入库。

11.1.4 胶合材料的要求

一般认为，光学零件的胶合机理是光学材料与光学胶之间发生机械结合、物理吸附、静电引力、互相扩散、形成化学键等作用，使光学零件和光学胶之间产生粘结力，从而将光学零件结合在一起。光学用胶是一种与光学玻璃性能相近并具有良好的粘结性的高分子物质。

一般对胶合材料有如下要求。

① 具有极高的透明度和光学一致性。胶层折射率要与被胶合的光学零件玻璃折射率相接近，胶层应无色，而且没有荧光性，清洁度要高。

② 胶层固化过程中收缩或膨胀极小，胶层容易涂布而没有残余应力。

③ 受各种因素影响时不容易引起脱胶。

④ 具有足够的热稳定性（−70～+70℃）和化学稳定性，对玻璃表面不起化学作用，长期使用不变形，环保性好，无毒无害。

⑤ 容易拆胶，便于返修。

11.1.5 胶的种类及性质

胶合材料一般多为高分子化合物，按胶合工艺的特点可分为热胶与冷胶两大类。表 11-1 列出主要热胶与冷胶的品种、性能及用途。

表 11-1 热胶与冷胶

胶的名称		高温性能	低温性能	机械强度	用 途
热胶	冷杉树脂胶	+50℃	−40℃	一般	室内仪器
冷胶	甲醇胶	+60℃	−65℃	较高	野外仪器
	环氧树脂胶	+124℃	−70℃	很高	航空及军用仪器

（1）冷杉树脂胶

热胶法使用的主要材料是冷杉树脂胶，又称加拿大树胶，它是由松柏科冷杉树植物分泌的树汁经过清洗，除去可溶性树脂酸及机械杂质，再加入一定量的增韧剂熬制成具有不同硬度的浅黄色固态胶。冷杉胶的性能如表 11-2 所示。

表 11-2 冷杉胶性能

项 目	指 标	项 目	指 标
外观	浅黄色	线膨胀系数	$1.8 \times 10^{-4} \sim 2.1 \times 10^{-4}$
相对密度	1.05～1.07	收缩率	6%
折射率 n_d(20℃)	1.520～1.549	清洁度/(个/cm²)	5～20
中部色散	约 0.0126		

冷杉树脂胶具有可贵的物理性质：良好的透明度、不结晶、无毒、线膨胀系数小、能耐高低温、粘合强度好、凝固时体积收缩率较小、有便于拆胶等特性，是光学玻璃元件良好的胶黏剂。其缺点是机械强度不高，耐热、耐寒性差（－40～＋40℃），温度稍高时，胶层变软，胶合的膨胀系数要比玻璃大 7～30 倍，温度稍低时，胶质变脆，易引起脱胶。主要用于室内光学仪器的光学零件胶合中。

冷杉树脂胶有固态纯冷杉树脂胶和液态冷杉树脂胶。

固态冷杉树脂胶软化温度为 85～72℃，温度升高时黏度降低，流动性增大，继续加热会使胶层变脆，使用时要注意控制温度。

液态冷杉树脂胶是用溶剂溶解制得，它可以用于较大平面光学零件的胶合。

为了减小胶合应力而引起的零件变形，在使用冷杉树脂胶胶合透镜时，要根据零件的大小和形状，选用不同硬度的胶。质软的胶耐温性能较质硬的好。若零件直径大、中心与边缘厚度相差悬殊的，要选用软性胶；而直径小、曲率半径也小的零件，宜使用较硬的胶。

（2）甲醇胶

甲醇胶，俗称冷胶，又名凤仙胶或卡丙诺胶。它是人工合成的化合物（聚二甲基乙烯代乙炔基甲醇），属于热固性塑料。

工业甲醇胶为黄褐色油状液体，具有特殊气味。甲醇胶单体极易聚合，按聚合程度不同，甲醇胶出现液体、胶体、固体三种状态，从单体到聚合完成的三种状态具有不同的性能，如表 11-3 所示。

表 11-3　甲醇胶性能

性 能 指 标		甲醇胶的状态		
		液态（单体）	胶态（初聚）	固态（聚合后）
颜色		无色	淡黄色	黄绿色
20℃	折射率 n_d	1.475～1.477	1.483～1.490	1.519
	中部色散 $n_F - n_d$	0.0139	0.0134	0.0116
	相对密度	0.889	0.90～0.92	1.02～1.03
线膨胀系数（0～35℃）		3.4×10^{-4}	2.8×10^{-4}	1.3×10^{-4}
黏度		0.2～2N. S/m²		

甲醇胶具有良好的透明性，它的胶合强度和耐高低温性能优于冷杉树脂胶，多用于野外及军用光学仪器中零件的胶合。其缺点是它的体积从胶态变为固态时会显著地缩小，收缩率达 12％，易引起零件变形，胶层抗老化性能差，配置工艺复杂。此外，拆胶较冷，拆胶困难。

（3）环氧树脂胶

环氧树脂胶色泽浅，折射率近似于玻璃；收缩率小，一般小于 2％；室温下可以固化，粘合力强；胶层的机械强度和化学稳定性高；使用方便。它主要用于湿热条件下工作或与海水接触等特殊要求的光学零件的胶合。表 11-4 列出几种常用环氧树脂胶的配方及性能。环氧树脂胶的缺点是透过率稍低，拆胶非常困难，胶中所用固化剂、稀释剂等对人体健康有一定的影响。

表 11-4　几种常用环氧树脂胶的配方及性能

牌号	配方(质量比)	n_d	毒性	牌号	配方(质量比)	n_d	毒性
GHJ-1	650 胶　　10 651　聚酰胺 2-3	1.54706	较大	GHJ-4	E-8　　10 593 固化剂　1.6-2.5 596 固化剂　2.8-3.5	1.5660	小
GHJ-2	650 胶　　10 3-羟乙基乙二胺 1~1.2		较小				
GHJ-3	650 胶　　10 二乙氨基代丙胺 1~1.2	1.565	大	GHJ-5	复合环氧胶　10 四乙烯五胺　1	1.550	较大

目前，光学光敏胶发展较为迅速。光敏胶使用方便，效率高（在紫外光照射下，12min 左右完全干固），收缩性小，光学零件像质好，耐老化性好，长期使用胶层颜色不变，透光率仍然不小于 90％。光学光敏胶性能见表 11-5。

表 11-5　光学光敏胶性能

牌　　号	主要技术性能指标	备　　注
GGJ-1	近无色透明，单组分，紫外线固化，低黏度流体	大尺寸光学零件胶合
GGJ-2	近无色透明，单组分，紫外线固化，半固态体，高低温度范围：−45~+60℃	中小尺寸光学零件胶合
GBN-501	近无色至淡黄色流体，双组分，紫外线固化，低黏度流体，高低温度范围：−60~+70℃	一般光学零件胶合

11.1.6　胶合工艺

（1）胶合前准备工作要求

光学零件胶合前需要做好准备工作。胶合方法不同，但准备工作基本相同，其基本要求如下：

① 清洁室内及工作用具　调整室温为 22~28℃，湿度为 50％~80％，胶合工作间要保持空气洁净，工作时要尽量减少空气流动；

② 根据室内温湿度，选择和配置醇醚混合液　常用混合液的体积比例为乙醇 15％、乙醚 85％，同时要备有一定量的航空汽油、氢氧化钠或氢氧化钙等，以便清洗零件；

③ 按图纸要求进行几何尺寸和光圈配对　对于厚度尺寸要求较严格的胶合件，一般才进行尺寸配对，其厚度尺寸公差不得超过图纸要求，光圈配对是指光圈高与光圈低的配在一起；

④ 用乙醚清洁松鼠毛刷　由于松鼠毛具有良好的刚柔性，细而光滑，容易掸掉灰尘，故在清洁零件抛光面上的灰尘时，多用松鼠毛刷，在每次胶合前都应用乙醚清洁好所用毛刷，清洁时应把用于掸胶合面和非胶合面的毛刷分开；

⑤ 清洁零件胶合面　在透镜光作用下用 6 倍放大镜检查胶合面，直到胶合面达到要求为止，将两配对零件胶合面对好待胶，抛光很久的表面或表面上有水印、油迹等，可用航空汽油或浓度为 25％的碱液清洗，某些已腐蚀生霉的零件要重新抛光；

⑥ 选择胶的稠度　外形尺寸小的零件用稠度大的胶，外形尺寸大、中心边缘厚度差大以及要求耐寒程度高的零件用稠度小的胶。

（2）胶合工艺

① 热胶法胶合工艺　热胶法胶合工艺过程（以透镜为例）包括准备工作—加热镜片—滴胶压泡—胶合定心—冷却清洗—胶层退火。

其操作方法是：

a. 胶合的准备工作，主要是做好零件的配对与清洁工作；

b. 加热镜片，将已清洁好的透镜对放在水平电热板上缓缓加热到胶合温度，胶合工具与胶也适当加热；

c. 滴胶压泡，在负透镜上滴上胶液，放上正透镜，用橡皮塞压出气泡，如图 11-3 所示；

d. 胶合定中心，将透镜对放在定中心仪上，定好中心，使两透镜的光轴重合或在图纸要求的偏心范围内；

e. 冷却清洁，将已定好中心的透镜组放在水平平板上冷却，冷却后用擦布仔细清洁透镜组；

f. 胶层退火，透镜组按其大小选用的退火温度为 40～60℃，在此温度下保温 4～5h，然后缓冷至室温。

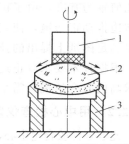

图 11-3　胶合压泡示意图
1—软木棒；2—胶合零件；
3—胶合承座

② 冷胶法胶合工艺　冷胶法胶合工艺基本上和热胶法胶合工艺相似，主要区别是工件不需要加热。一般工艺过程为：准备工作—滴胶压泡—胶合定心—加热聚合—胶层退火。

胶合时：

a. 胶的黏度应按零件的大小和形状来选择，尺寸小的或平面零件，黏度应大些，尺寸大的零件黏度应小些，胶合透镜用黏度为 $0.2～1N \cdot s/m^2$ 的甲醇胶，胶合棱镜用黏度为 $1～2N \cdot s/m^2$ 的甲醇胶；

b. 透镜组件交合后放在用 30″水准器校正好的水平电热板上，加热到 60℃左右加速甲醇胶的聚合；

c. 定中心后直径小于 50mm 的零件需放在水平台上静置不少于 24h，直径超过 50mm 的零件则不少于 45h。

③ 光学光敏胶胶合工艺　光敏胶的胶合工艺比较简单，即将涂好胶的胶合零件，用紫外线照射几十秒或数分钟即可固化。经检查合格后，再放入 60℃的烘箱内进行固化 6h 即可。

胶层的厚度与零件直接有关系。一般胶层厚度通常按表 11-6 选取。

表 11-6　胶合件胶层厚度

胶合件直径/mm	胶层厚度/mm
≤20	0.005～0.02
20～50	0.01～0.03
50～100	0.01～0.04

11.2　胶合定中心

在透镜胶合过程中，必须保证正、负透镜的光轴重合在允许范围内，否则胶合透镜的光轴就要偏离允许的中心误差，从而使胶合透镜的像质变坏。使正、负透镜的光轴与胶合透镜的基准轴重合，就是使胶合透镜诸光学表面定心顶点处的法线与基准轴重合。由于胶合透镜的定心原理不同，因而有不同的定心方法。

11.2.1 胶合定中心原理

两个透镜胶合时，如果未经校正中心，则两个透镜的光轴不可能重合，一束平行光通过透镜组时，其焦点像 F_1' 就会发生偏离成为 F_2'，如图 11-4 所示。如果以负透镜的光轴为轴旋转，其像点 F_2' 亦旋转，旋转的两极限位置相当于中心偏差的 2 倍，即

$$F_2'F_3'=2F_1'F_2'=2F_1'F_3'$$

胶合定中心就是当胶合面的胶层尚未聚合之前以负透镜的光轴为基准（实际是以负透镜的几何轴为基准，由于正负透镜在胶合前已经定心磨边，故其光轴与几何轴基本重合），边旋转边推动正透镜，使其光轴与负透镜的光轴重合，即旋转透镜组时，其像不再跳动或其跳动量满足图纸上提出的技术要求。

根据技术要求以正透镜光轴为基准推动负透镜，使两光轴重合也可以。对于定中心精度要求高的胶合透镜，需采用球心像自准直定心法。

11.2.2 用中心检查仪定中心

光学零件胶合定中心，一般在中心检查仪上进行。常用透射光焦点像定心仪如图 11-5 所示。

几种中心检查仪光学系统如图 11-6 所示，图中（a）、（b）是采用透射光定中心的，其中（a）是调换物镜变倍系统，（b）是可调焦距连续变倍系统，（c）是采用反射光球心自准像定中心的，它的定中心精度要高于（a）与（b）。

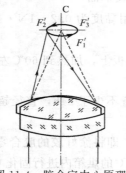

图 11-4 胶合定中心原理

图 11-5 定心仪

（1）透射光焦点像定中心过程

用 GJX-1 型定中心仪定心过程如下（参见图 11-6）：

① 将待定中心的透镜组装入承座 4 内；

② 接通电源，使分划板上十字线经被定中心的透镜组成像于 F'，移动显微系统，使物镜 6 的前焦点 F_6 与 F_5' 重合，则平行光管的十字线经显微物镜 6 成像于目镜分划板 8 上，经过目镜 9 观察偏心大小；

③ 用同向定心法或反向定心法校正胶合透镜中心。

同向定心法如图 11-7(a) 所示，反向定心法如图 11-7(b) 所示。同向是指像的跳动方向与透镜的偏离方向相同，反向是指像的跳动方向和透镜的偏离方向相反。定中心时，旋转胶合透镜组，每次推动透镜使移动距离为像跳动分划值的 1/2，边转边校正，直到像不跳动或跳动量满足要求为止。

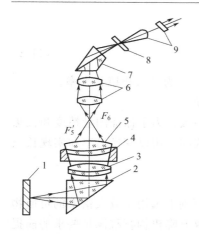

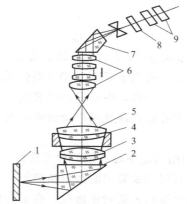

(a) GJX-1型中心检查仪光学系统图　　　　(b) ZXY-2型中心检查仪光学系统图　　　(c) 反射光球心自准像中心仪光学系统图

图 11-6　几种中心检查仪光学系统

1—分划板；2—棱镜；3—平行光管物镜；4—承座；5—零件；6—物镜；

7—转向棱镜；8—目镜分划板；9—目镜；10—分光棱镜

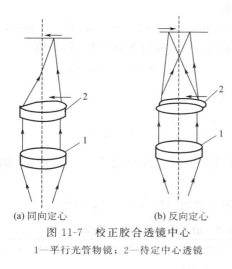

(a) 同向定心　　　　　　(b) 反向定心

图 11-7　校正胶合透镜中心

1—平行光管物镜；2—待定中心透镜

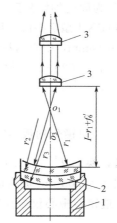

图 11-8　反射光球心自准直像定中心

1—承座；2—胶合透镜；3—物镜

（2）反射光球心自准直像定中心过程

对于定心精度要求较高的零件，采用反射光球心自准直像定中心的方法，如图 11-8 所示。将待定中心的胶合透镜放于承座内，移动显微镜，首先找到 r_3 表面的球心自准直像，旋转胶合透镜，边转动边推动上透镜，直到像不跳动或满足要求为止。在移动显微镜找到 r_1 表面的球心自准直像，再旋转胶合透镜，微调上透镜直至像跳动满足要求为止。

（3）偏心量计算方法

被定中心透镜组如果有偏心（即被胶合的两透镜光轴不重合），当转动被定中心透镜组时，目镜分划板中的像亦随之转动，这时被定中心透镜组的实际偏心量（c）按以下公式计算。

① 用透射光焦点像检验

$$c=\frac{l}{2\beta}\tag{11-1}$$

② 用反射光球心自准直像检验

$$c = \frac{l}{4\beta} \tag{11-2}$$

上两式中，c 为透镜组实际偏心量；l 为像跳动最大直径；β 为显微物镜放大率。

（4）可换物镜的选择和计算（适用于 CJX-1 型及类似系统）

由于被胶合的透镜焦距长短不一样，中心偏差要求也不一致，为了保证测量精度和长焦距的胶合透镜页顶得到测量，中心检查仪显微物镜做成可换式的，用以变换倍率和实现长焦距的测量。

① 可换物镜选择依据　根据被定中心透镜的种类选择。

由于定心仪升降机构的行程限制及要求的测量精度等，原则上选用正放大倍率的可换物镜测量负透镜，负放大倍率的可换物镜测量正透镜。在定心仪升降机构行程满足要求的前提下，尽量选择放大率大的可换物镜，用以提高测量精度。

② 可换物镜放大率的计算

$$\beta = \frac{f'_{6b}}{f'_{6a}} \tag{11-3}$$

式中，f'_{6a} 为固定物镜焦距；f'_{6b} 为可换物镜焦距。

例：已知 GJX-1 型定心仪的升降机构最大行程为 520mm，$f'_{6b} = 145.8$mm，$f'_5 = 300$mm，目镜分划格值为 0.06mm，中心偏差要求 $c = 0.03$mm。求 f_{6a}、β 以及目镜分划板实际格值。

解：$f_{6a} + f_5 \leqslant 520$mm，故取 $f'_{6a} = 55.45$mm，55.45＋300＜520mm，则

$$\beta = \frac{145.8}{55.45} = 2.63$$

$$目镜分划板实际格值 = \frac{目镜分划格值}{\beta} = \frac{0.06}{2.63} = 0.0228mm$$

由此看出，换上 $f'_{6a} = 55.45$mm 的可换物镜目镜分划板实际格值为 0.0228mm，能够保证中心偏差 $c = 0.03$mm 被测透镜的精度要求。

GJX-1 型透镜定中心仪可换物镜焦距与放大倍率及分划板格值见表 11-7 所示。

表 11-7　GJX-1 型中心检查仪可换物镜焦距、放大倍率及分划板格值

序号	可换物镜焦距 f'/mm	显微物镜放大率 β	分划板实际格值 /mm	序号	可换物镜焦距 f'/mm	显微物镜放大率 β	分划板实际格值 /mm
1	55.45	2.63	0.023	14	5501.396	0.0265	2.264
2	151.245	0.0964	0.062	15	6000	0.0243	2.469
3	301.863	0.483	0.124	16	−494.372	−0.295	0.203
4	495.918	0.294	0.204	17	−998.63	−0.146	0.411
5	998.63	0.146	0.411	18	−1500.00	−0.0972	0.617
6	1501.544	0.0971	0.618	19	−2008.25	−0.0726	0.826
7	2011.034	0.0725	0.828	20	−2506.15	−0.0582	1.031
8	2483.81	0.0587	1.022	21	−3006.16	−0.0485	1.237
9	3012.396	0.0484	1.240	22	−3513.25	−0.0415	1.446
10	3530.266	0.0413	1.453	23	−4038.78	−0.0361	1.662
11	3994.52	0.0365	1.644	24	−4556.25	−0.032	1.875
12	4556.25	0.032	1.875	25	−5010.30	−0.0291	2.062
13	4993.159	0.029	2.070	26	−5481.20	−0.0266	2.256

11.2.3　胶合的检验

为了保证胶合的质量，必须按技术条件对胶合件进行检验，检验的项目如下。

① 胶层的颜色　在胶合件有效孔径内的胶层应接近无色。

② 胶合件疵病　胶合件疵病等级根据图纸规定，按两个胶合面疵病数量之和计算，非胶合面疵病按每一面单独计算。

麻点（或尘粒）的直径和擦痕的宽度按 GB 1185—74《光学零件表面疵病》规定，胶合后允许的增加量按表 11-8 规定计算。

表 11-8　胶合件表面疵病增加量

疵病类别	天然树脂光学胶、甲醇胶		光学环氧树脂胶	
	胶合面	非胶合面	胶合面	非胶合面
麻点增加量/%	5	5	8	15
擦痕增加量/%	5	15	8	15

其他疵病如开胶、霉斑、指印、油污等不允许存在。

③ 胶合件的几何尺寸偏差　胶合透镜可测定胶合前后的厚度差，计算胶层厚度。

④ 胶合件中各零件的相对几何位置的偏差　胶合透镜的中心偏差用定心仪检验，棱镜的角度偏差可用测角仪检验。

⑤ 胶合件的表面变形是由胶层固化收缩或温度变化而产生的内应力引起的，通常用干涉法测量胶合前后的面型精度，然后根据干涉图样的畸变，求出胶合所产生的变形，也可对胶合件做分辨率或星点检验。

⑥ 胶合透镜的焦距通常用焦距仪测量。

11.2.4　胶合疵病及克服办法

用甲醇胶、冷杉树脂胶、环氧树脂胶胶合零件常出现的疵病及克服办法如表 11-9 所示。

表 11-9　胶合常出现的疵病及克服办法

疵病名称	疵病原因	克服办法
胶合透镜中心偏差超差	1. 单件中心偏超差； 2. 中心没有校正好； 3. 胶层过软，时化时平台不平，零件发生移动； 4. 热处理或退火处理温度太高，零件相对走动	1. 单件磨边定心要符合要求； 2. 胶合时中心要校正好； 3. 时化要保证时间，平台放平； 4. 热处理或退火处理按规范进行，防止零件相对移动
脱胶	1. 胶没有完全聚合； 2. 有机溶剂浸蚀胶层，特别是边缘胶缝； 3. 定心时零件太热，承座太凉； 4. 在胶已聚合时零件之间仍做较大的相对移动； 5. 胶层太薄； 6. 胶层本身变硬或胶层不干净	1. 要保证零件的聚合温度与聚合时间； 2. 清洁时防止溶液浸蚀胶缝； 3. 校正中心前承座要加热； 4. 校正中心时不要等到胶层已经基本聚合时还硬行推动零件； 5. 增加胶层厚度； 6. 检查胶本身的质量
胶层脏	1. 胶本身不清洁； 2. 工作室空气灰尘太大； 3. 零件没有擦干净； 4. 用具太脏	1. 选用质量好的胶； 2. 打扫室内卫生，减少人员走动； 3. 采用超净工作台； 4. 仔细清洁零件和用具

疵病名称	疵病原因	克服办法
非胶合面光圈变形	1. 原零件本身光圈不合格； 2. 胶聚合温度太高、太稠； 3. 承座温度低； 4. 负透镜中心厚度与直径比太小； 5. 胶聚合时体积收缩率太大，如甲醇胶； 6. 零件材料内应力大； 7. 零件排胶时用力太大	1. 单件光圈必须满足图纸要求； 2. 正确选择胶的稠度，保证聚合温度规范； 3. 中心承座加热； 4. 对太小的零件用胶要软，聚合温度要低； 5. 排胶时用力要均匀，沿径向施以作用力； 6. 按技术要求控制零件材料的内应力
胶层变黄、变焦	1. 聚合温度太高或零件温度太高； 2. 胶已聚合仍继续加热，如烘膜等	正确控制加热时间与加热温度
尺寸或角度超差	1. 单件尺寸超差； 2. 没有对尺寸进行选配； 3. 角度校正不准	1. 检查单件尺寸，认真进行尺寸配对； 2. 认真调整角度
胶合面光洁度不好	1. 擦布不清洁； 2. 胶合面光洁度不好； 3. 混合液不清洁	1. 擦布认真脱脂和清洗； 2. 控制胶合面光洁度； 3. 重配混合液

11.2.5　拆胶

由于零件缺陷或胶合工艺过程中的问题，不可避免地会出现不符合技术要求的胶合件，因此需要拆胶返修。

（1）高温拆胶

① 直接加热法　将胶合件置于电热板上火烘箱中，加热至所需温度即可拆胶。如天然树脂胶为 80～120℃，光敏胶为 180℃。当胶层出现花纹状条纹时，就可加力拆开。

② 间接加热法　光学环氧树脂胶的胶合件可放在蓖麻油中，加热到 290℃，保温，胶合件自行开胶后再降到室温，取出擦净；或将光学胶合件放在甘油浴中，加热至 200℃ 左右，即可自行脱开。注意不要与冷的物体接触或用冷风吹，以免玻璃炸裂。间接加热的规范表参见表 11-10。

表 11-10　间接加热法拆胶规范

胶的种类	加热载体	拆胶温度	拆胶时间	擦去残胶溶剂
甲醇胶	甘油	240℃	几小时	酒精浸泡 2～3h 再擦洗
光学环氧胶	甘油、蓖麻油、石蜡	270～290℃	几小时至十几小时	乙醇或丙酮浸泡 0.5h 再擦洗
	铬酸洗液	200℃ 左右	几十小时	丙酮浸泡擦洗
GBN-501 光敏胶	甘油	200℃ 左右		丙酮、醇醚混合液

（2）常温拆胶

常温拆胶是用溶剂浸泡拆胶件使之脱胶。一般将光学胶合件放在二氯甲烷、甲酸等混合液中，浸泡一个星期左右，即可开胶。

（3）冷冻拆胶

将胶合件放入液态氧降温的低温箱内，降温到 −120～−150℃，当胶层开裂后，即可拆胶，见表 11-11。

表 11-11　冷冻拆胶法

胶合零件种类	拆胶温度	低温获得方法	规范现象
甲醇胶胶合	$-100 \sim -150℃$	液态氧	胶层出现光圈
光胶胶合	$-20 \sim -25℃$	液态氧或冰箱	胶层出现光圈

思　考　题

1. 胶合定心与磨边定心有何异同？
2. 热胶与冷胶的含义是什么？胶合零件常用哪些胶？它们各有哪些优缺点？
3. 胶合件配对有哪些要求？
4. 冷杉树脂胶胶合的一般过程如何？零件加热温度一般为多少度？
5. 透射式定心仪可换物镜选择原则是什么？
6. 胶合的检验项目有哪些？胶合面与非胶合面疵病等级如何计算？
7. 胶合常出现疵病有哪些？如何克服？

第 12 章　晶体光学零件加工工艺

12.1　概述

光学晶体是重要的和常用的光学材料。随着光学仪器的发展，在仪器中使用晶体材料的地方也越来越多，特别是在红外、激光仪器方面更为突出。光学晶体在光学仪器中主要是做成各种样式的偏光棱镜、分光棱镜、聚光镜或发散透镜，仪器的光学窗口滤光片、减光器以及激光工作物质、X 射线分光元件、光电元件等，所以光学晶体的加工也就更加重要。

晶体光学零件加工的过程与一般光学零件加工过程大致相仿。但是与光学玻璃比较，晶体光学材料存在一些特殊的性能。因此，晶体光学零件在加工中采取的某些操作方法与一般光学玻璃零件不完全相同，甚至完全不相同。一般来说，晶体光学零件加工具有下列一些特点。

（1）晶体定向

大多数晶体结构上呈各向异性，要产生双折射。所有的晶体可以分为等轴晶体、单轴晶体和双轴晶体。晶体内仅有一个方向不发生双折射，此方向称为光轴方向，这类晶体称单轴晶体。晶体光学零件多为单轴晶体加工而成，并且这些零件在使用过程中，其通光面与晶轴必须保持预定的角度，因此，单轴晶体加工前必须找正晶轴，磨出一个与晶轴垂直的表面作为加工基准面，工艺上称此为晶体的定向。

（2）选择合适的切割与粗磨方法

晶体具有解理性，其解理面间的键力最弱，所以利用解理面作为切割的一种手段。但是，也正由于解理性，要防止切割时的振动，以避免由于振动，造成在不需要沿解理方向切开时形成沿解理方向的劈开。

对于易潮解和软的晶体，不能用一般光学玻璃的切割方法。

（3）上盘特点

不少晶体由于热膨胀系数的各向异性，不能承受较高的粘结温度，甚至根本不能受热，潮解晶体更不能受潮。因此，常用的光学玻璃零件热胶上盘与石膏上盘等方法往往不能用于晶体零件。必须针对不同材料采用一些特殊的上盘方法。

（4）磨料与抛光粉根据晶体硬度而异

与玻璃不同，晶体的硬度变化很大，不同硬度的晶体应选用不同硬度的磨料与抛光粉，才能得到良好的加工效果。比玻璃硬的晶体常选用石英粉、玛瑙粉、金刚石粉等作抛光粉；比玻璃软的晶体常选用氧化铁、氧化铬、氧化钛、氧化锡和氧化镁等作抛光粉。

（5）工房温湿度要求严

加工一般的光学零件要求一个较稳定的温湿度环境，但对某些晶体却往往需要特殊的温湿度环境。例如易潮解晶体要求湿度低一些，而加工方解石、石英则需湿度高一些。

（6）劳动保护

部分晶体材料是有毒的，如铊化物、砷化物和磷化物等，在加工中会产生有毒的粉尘或气体，将严重危害加工者的健康。因此，加工有毒晶体时，必须加强防毒劳动保护。

12.2　晶体的选料与定向

12.2.1　晶体的选料

无论是天然的晶体还是人工培育的晶体，由于生长过程中温度条件、原料的纯度、工艺条件，操作技能等的影响，晶体材料总是具有一定的缺陷，从而影响晶体的质量。这些缺陷有的与理想的点阵结构发生偏离，有的牵涉到局部区域化学组分的差异。根据晶体缺陷在空间延伸的线度，可以分为四类：①点缺陷，如空位、填隙原子、杂质原子、色心等；②线缺陷，如位错；③面缺陷，如层错、孪晶介、生长层、胞壁、电畴介、磁畴介等；④体缺陷，如沉淀相、包裹物、空洞等。

晶体的选料就是要采用各种不同的方法检验出这些缺陷。检验晶体缺陷的方法，有光学法、腐蚀法、X 射线衍射法、电子探针及扫描电子显微镜法。其中，光学法是最简便和最普遍的方法，可观察出宏观亚微观缺陷。它们又细分为如下几种方法。

（1）超显微镜观察法

超显微镜观察法装置用 20mW 功率的 He-Ne 激光器作光源。使一束平行光通过已抛光好的晶体试样，若其中存在着颗粒，则会产生光的散射现象，将超显微镜置于垂直于平行光前进的方向上，可以观察到小于 $1\mu m$ 的杂质颗粒，从而确定在晶体各部位散射颗粒的多少，并观察其形状。

（2）偏光仪法

将试样置于两块正交的偏光镜中，可以观察到由于样品中的应力引起的变化，例如晶体中的生长应力线、小晶面、错位引起的应力图等。

（3）光轴定向仪法（锥光仪法）

此仪器的主要用途是对晶体定光轴，但也可以查出由于晶体内应力所引起的光轴图像畸变。

（4）干涉仪观察晶体的光学不均匀性法

将试样垂直于光轴方向的两端面细磨，用贴置法或两面粗抛后在棱镜透镜干涉仪上，依据干涉条纹图检查晶体的光学不均匀性。

12.2.2　晶体的定向方法

晶体材料在切割前要对晶体毛坯进行定向，也就是在晶体材料毛坯上找到一个与该晶体光轴成预定角度方向的基准面。晶体定向的常用方法有下列几种。

（1）根据完整晶体外形初步定向

某些晶体在生长结晶过程中，外形完整，可判断出大致的光轴方向，如 KDP、ADP、KD·P、钇铝石榴石棒等，其长方向即为其光轴方向；石英晶体根据其外形即可判别光轴方向及旋向；方解石晶体的光轴就是 3 个 $101°55'$ 钝偶角的中心线，如图 12-1 所示。

（2）解理法定向

晶体在外力作用下容易沿解理面裂开，认定了解理面，即可由晶面指数大致确定晶体的光轴。常用晶体的解理面如表 12-1 所示。

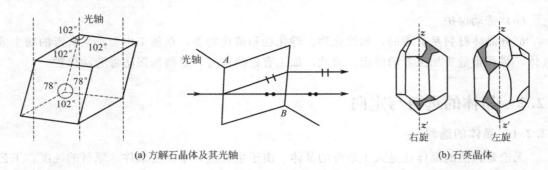

(a) 方解石晶体及其光轴　　　　　　　　　　　　　　　　(b) 石英晶体

图 12-1　几种晶体的晶轴方向

表 12-1　常用晶体的解理面

晶体名称	白云母	NaCl	KCl	LiF	CaF_2	KB_5	$CaCO_3$	石墨	金刚石	CaAs	Ge
解理面	(100)	(100)	(100)	(100)	(111)	(100)	(101)	(001)	(111)	(110)	(111)

（3）用偏光显微镜定向

利用偏光显微镜对晶体定向的原理是利用会聚光的色偏振，得到与自然光相类似的干涉条纹，如图 12-2 所示。具体方法是在晶体上先磨出两个大致垂直于晶体光轴的平面，并以其中一个面为原始基准面，用贴置法将其置于偏光显微镜中。若晶体光轴与偏光显微镜光轴同轴，得到的干涉条纹是以视场中心为圆心的同心圆环。若两光轴间有一定夹角，则干涉圆环中心不与视场中心重合。可转动被测晶体使干涉圆环中心处于视场中心，并严格不动，读出工件承座偏离原始位置时的角度，即为晶体原始基准面需要加工修整的量。此法的定向精度一般可达 $5'\sim10'$，但不能严格定量。

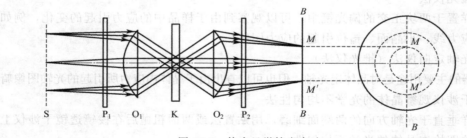

图 12-2　偏光显微镜定向法

S—光源；P_1—起偏器；P_2—检偏器；K—试样；O_1—聚光镜；O_2—物镜；BB—物镜的焦平面图

图中，会聚于下干涉场 M 点的偏振光，当它通过晶体 K 时是一组平行光，所以干涉场中 M 点的照度可以用平行光色偏振中干涉场的照度公式表示如下：

$$I=I_0\left[\cos^2\theta-\sin2\alpha\sin2(\alpha+\theta)\sin^2\left(\frac{\varphi}{2}\right)\right] \qquad (12-1)$$

式中，α 是平行光色偏振中起偏振器的主方向与晶片主方向间的夹角，θ 是起偏振器与检偏振器主方向间的夹角，φ 是通过晶片后两束偏振光的位相差，I 是干涉场的照度。

（4）X 射线衍射法定向

X 射线衍射法定向是一种高精度的定向，需要在 X 光机上进行。例如在 YX-1 型 X 射线定向仪上定向精度可达 $30''$ 左右。

① 工作原理　如图 12-3 所示，当一束与晶面的掠射角为 θ 的 X 射线射到晶面上时，其中一部分（L）被晶面散射为 N，另一部分（L_1）透入晶体到另一晶面后，又被散射为 N_2，当 L 与 L_1 的程差满足式(12-2)时，L 与 L_1 便发生干涉，散射（衍射）强度达到最大，即

$$\Delta = 2d\sin\theta = n\lambda \tag{12-2}$$

式中　d——两晶面间的距离；

　　　n——不等于 0 的正整数，$n = 1, 2, 3\cdots$。

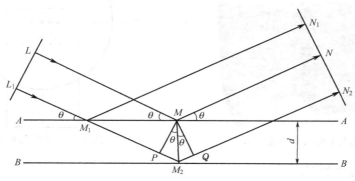

图 12-3　X 射线散射

式(12-2) 称为布喇格公式。凡不满足布喇格公式的散射光，其散射强度非常小，由于不同晶面有不同的 d 值，因此，对于确定波长的 X 射线，其 θ 值就不一样。X 射线定向仪就是基于这一原理。

如图 12-4 所示，由 X 光管发出的射线通过准直狭缝到达被测晶体。此晶体可在 P 点绕垂直于纸面（水平面）的轴转动。此转动轴是仪器转角装置的中心轴，晶体的定向断面需在此轴线上，被晶体衍射的 X 射线用一检测器（盖革计数管）来检测。当晶体转动到衍射线满足布喇格公式时，也即入射 X 射线和晶体某点阵平面的夹角为 θ 时，置于 2θ 位置的检测器将示出极大值。此时晶体的定向断面即为所需点阵面的取向位置。该取向位置可从样品台的角标上读出。检测器也可在 P 点绕垂直于纸面的轴转动，它的放置位置也可从它的相应角标上读出。

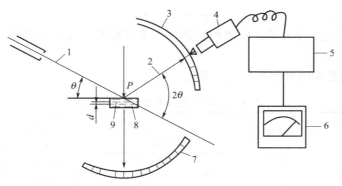

图 12-4　单色 X 射线衍射法定向原理

1—入射 X 射线；2—衍射 X 射线；3—计数管标尺；4—GM 计数管；5—放大器；
6—μA 表；7—样品台角度标尺；8—晶体；9—点阵平面

② YX-1 型定向仪操作方法　YX-1 型 X 射线定向仪外形如图 12-5 所示，它主要由 X 射线发生器、样品台、X 射线检测器、转角测量部分、机身五部分组成。

图 12-5　YX-1 型 X 射线定向仪

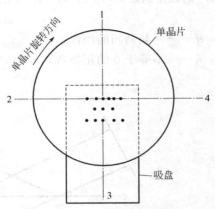

图 12-6　定向晶片安放图

其定向操作方法如下。

a. 初定晶面方向　X 射线衍射法定向的特点是定向精度高，但只适用于实际晶面与所需晶面相差不很大的情况下（一般不超过 10°），因此，应首先用些简单方法初步确定晶面的大致方向后，再上 X 射线定向仪精确定向。

b. 依据晶体的衍射角确定探测器的 2θ 位置。

c. 启动电源预热 10min 后加高压，X 射线管的工作电流以 2mA 左右为宜。

d. 擦净被定向面与仪器吸盘，开动气泵，如图 12-6 所示，将被定向面安置于吸盘上。

e. 测定最大衍射角　转动工作台（X 射线检测器随之一起转动）使 μA 表指针到最大，记录此时鼓轮读数，再将晶体转动 90°，读取另一个方向最大衍射角，一般是测量晶面在水平和垂直两个方向的衍射偏离角，取其平均值。当水平偏离角为 δ_1，垂直偏离角为 δ_2，则被测晶面与主晶面间的偏离角 φ 可按式(12-3) 确定：

$$\cos\varphi = \cos\delta_1\cos\delta_2 \tag{12-3}$$

当 $\varphi < 5°$ 时

$$\varphi^2 = \delta_1^2 + \delta_2^2 \tag{12-4}$$

f. 根据 δ_1、δ_2 之大小，手工修磨相应部位，重复校准，直至被测晶面与主晶面重合到规定的精度要求以内。

常用晶体典型晶面衍射角如表 12-2 所示。

表 12-2　常用晶件典型晶面衍射角

晶体名称	化学符号	衍射角		
		X 晶面	Y 晶面	Z 晶面
氟化钡	BaF_2	$\theta_{(200)} = 14°26'$	同 X 晶面	同 X 晶面
氟化钙	CaF_2	$\theta_{(400)} = 34°20'$	同 X 晶面	同 X 晶面
氟化锂	LiF	$\theta_{(200)} = 22°30'$	同 X 晶面	同 X 晶面
锗酸铋	$Bi_{12}GeO_{20}$	$\theta_{(600)} = 27°6'$	同 X 晶面	同 X 晶面

续表

晶体名称	化学符号	衍射角		
		X 晶面	Y 晶面	Z 晶面
方解石	$CaCO_3$	$\theta_{(1100)}=17°59'$		$\theta_{(006)}=15°43'$
砷化镓	$CaAs$	$\theta_{(400)}=33°7'$	同 X 晶面	同 X 晶面
磷酸二氢钾	KH_2PO_4	$\theta_{(200)}=11°56'$	同 X 晶面	衍射线太弱
磷酸二氢铵	$NH_4H_2PO_4$	$\theta_{(200)}=11°51'$	同 X 晶面	$\theta_{(200)}=11°46'$
铌酸锂	$LiNbO_3$	$\theta_{(110)}=17°24'$	$\theta_{(030)}=31°12'$	$\theta_{(006)}=19°28'$
钽酸锂	$LiTaO_3$	$\theta_{(110)}=17°22'$	$\theta_{(030)}=31°9'$	$\theta_{(006)}=19°36'$
碘酸锂	$LiIO_3$	$\theta_{(110)}=16°20'$	$\theta_{(010)}=9°20'$	$\theta_{(002)}=17°20'$
钼酸铅	$PbMoO_4$	$\theta_{(200)}=16°28'$	同 X 晶面	$\theta_{(004)}=14°44'$
二氧化碲	TeO_2	$\theta_{(200)}=18°41'$	同 X 晶面	$\theta_{(004)}=23°53'$
石英	SiO_2	$\theta_{(110)}=18°19'$	$\theta_{(010)}=10°27'$	$\theta_{(003)}=25°22'$
钛酸锶	$SrTiO_2$	$\theta_{(200)}=23°14'$	同 X 晶面	同 X 晶面
金红石	TiO_2	$\theta_{(200)}=19°36'$	同 X 晶面	$\theta_{(002)}=31°22'$

12.3　晶体的加工工艺

12.3.1　硬质晶体零件加工特点

硬质晶体主要包括石英晶体（SiO_2）、红宝石（Al_2O_3）、钇铝石榴石（YAG）等，以石英晶体为代表说明这类晶体的加工特点。

① 石英晶体加工最突出的问题是除晶轴定向外，还有一个旋光性的判断问题。晶轴定向方法与前节有关内容相同，旋向判断可按如下方法进行。

a.外形识别法　天然的石英晶体的理想外形如图 12-7 所示。

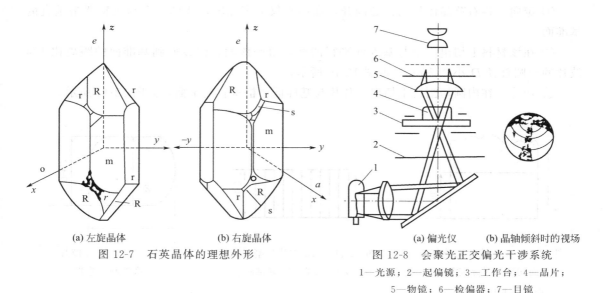

(a) 左旋晶体　　(b) 右旋晶体

图 12-7　石英晶体的理想外形

(a) 偏光仪　　(b) 晶轴倾斜时的视场

图 12-8　会聚光正交偏光干涉系统

1—光源；2—起偏镜；3—工作台；4—晶片；

5—物镜；6—检偏器；7—目镜

有六个柱面 m、正菱面 R，负菱面 r，三方双锥面 s 和三方偏方面 x，没有对称面和对称中心。有两种左右对称形的变体——左旋石英与右旋石英。其旋向可用 s 和 x 晶面的位置来判断：x 面在 m 面的上方与 R 面的左边称为左旋石英，x 面在 m 面的上方与 R 面的右边称为右旋石英。

b. 偏光干涉法

方法之一：将已定好向的石英晶体切片放入图 12-8 所示会聚光正交干涉系统中，当晶轴与光轴平行时，得到如图 12-9 所示的同心圆环状干涉图样。当检偏器 6 顺时针旋转时，同心圆环向四周扩散，则为右旋晶体，反之，则为左旋晶体。

方法之二：切片在会聚光正交系统中，当用白光照明时，检偏器顺时针旋转，视场中心颜色变化的顺序是红—黄—绿，则为右旋晶体。若按红—绿—黄变化，则为左旋晶体。

方法之三：石英楔补偿法。切片在会聚光正交系统之中，用石英楔片沿与起偏器 2 的偏振轴成 45°的方向插入，即沿图 12-9 中的 A 方向插入，当Ⅰ、Ⅱ象限的干涉环从中心向边缘移动，而Ⅰ、Ⅳ象限向中心移动，则为右旋石英，反之，则为左旋石英。当旋转检偏器 6，使干涉环恢复原来的形状所转的角度，则可测出旋光角的大小。

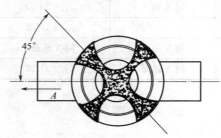

图 12-9　晶轴与系统光轴平行视场

② 石英晶体的切割、研磨与抛光基本上与光学玻璃相同，研磨时应用硬质磨料，如金刚石粉、碳化硅等。抛光时除用氧化铈抛光外，也可用细粒度的金刚石粉或金刚石研磨膏抛光。

③ 由于石英具有不完全解理的性质，切割研磨与抛光均不能沿晶面的方向，否则很难抛亮。

④ 由于石英各个方向的热膨胀系数不等，抛光时不宜过快，以免产生"光圈变形"。

12.3.2　$\lambda/4$ 波片的加工过程

① 定向　将石英晶体从晶种处剖开，在偏光仪上定光轴，找到一个与光轴严格垂直的基准面。

② 在该材料上切出一个与基准面平行的面，研磨该面，使该面到基准面的距离比 $\lambda/4$ 波片的外圆直径 D 小 0.2mm，如图 12-10 所示。

③ 切片　在内圆切割机上切出一片片与基准面严格垂直的平面，如图 12-11 所示。

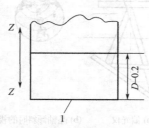

图 12-10　$\lambda/4$ 波片光轴基准
面切割尺寸示意图
ZZ—光轴；1—基准面

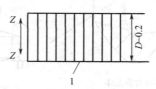

图 12-11　$\lambda/4$ 波片切割示意图
ZZ—光轴；1—基准面

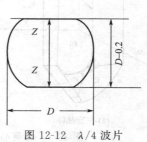

图 12-12　$\lambda/4$ 波片
磨外圆示意图
ZZ—光轴

④ 磨外圆　磨出外径为 D 的圆片，再在圆片的两顶端加工出尺寸相同的两平口，使两平口中心连线标示圆片的 Z 轴方向，如图 12-12 所示。

⑤ 抛光　先抛光一面达到图纸要求，再光胶上盘抛光另一面。抛光厚度比理论值大约 $10\mu m$ 时，在应力仪上检验。

⑥ 检验方法　当被检工件未放入光路时，旋转检偏器，使检流器的读数最小。当工件插入后，检偏器旋转 $45°$，若检流器读数最小，则 $\lambda/4$ 波片已加工合格，否则继续抛光，直至达到要求为止。

12.3.3　软质晶体零件加工要点

软质晶体在晶体材料中占有很大比例。萤石、冰洲石、铌酸锂等是较为典型的软质晶体。另外易潮解的晶体也大多属软质晶体。萤石具有低的折射率（$n_d=1.43390$）和低的色散，对红外、紫外透过性能好，是复消色差物镜和红外紫外仪器的宝贵材料。冰洲石因良好的双折射（$n_o-n_e=0.172$）而常用于加工各种偏振棱镜。现以冰洲石为例，说明它们的加工要点。

① 冰洲石和萤石经常带色，加工成的工件透射率相应要减少。为此，对这类晶体下料之前都要进行退色。

② 定向　按工件精度要求不同，可采取不同的定向方法。如果是一般精度，可在偏光显微镜上定向，定向精度可达 $3\sim5'$；如果是高精度，则应在 X 射线定向仪上定向，定向精度可达 $30''$。

③ 切割　研磨与抛光都要考虑解理与质软的特点。对于潮解性晶体，常用水线法切割，如图 12-13 所示。对于非潮解性晶体，可用手锯（钢锯、钢丝锯）切割，如图 12-14 所示。切割时不能用粗砂，用 W28 的砂子即可，锯片要平稳，速度不宜太快。为了防止切割时的解理现象，可在底面胶上一层保护玻璃。

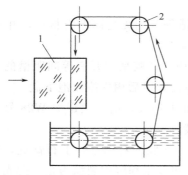

图 12-13　晶体的水线切割

1—氯化钠晶体；2—滚轮

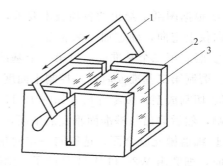

图 12-14　晶体的手锯切割

1—钢锯（钢丝锯）；2—夹具；3—待加工晶体

采用低速低压粗磨与细磨，边倒边磨；抛光时用软盘（用沥青、蜂蜡及少许松香配成），低速低压先用红粉粗抛后，用氧化镁或氧化锡精抛。平行于晶轴的面与解理面形成的角度比垂直于晶轴的面与解理面所形成的角度要小，易于出现解理，不好抛光，易使抛光面发毛及"粘盘"的现象，要特别注意。

有些软质晶体的抛光往往引起表面的"亮丝"或称微小划痕，这时需采用"水中抛光"

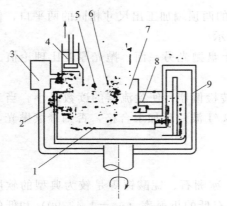

图 12-15　水中抛光装置

1—纯柏油抛光模；2—容器；3—恒温槽；4—水定

量供给装置；5—抛光液；6—晶体；7—荷重；

8—晶体夹具；9—搅拌板装置

法进行精抛。如图 12-15 所示，工件与抛光模均浸入氧化镁的悬浮液中并进行恒温控制，抛光摩擦热不致使抛光模温度升高，故可采用纯柏油模，抛光液旋转时，进入抛光模的将是粒度均匀的细粒子的抛光剂，使表面光洁度及精度均可得到提高。

④ 上盘与下盘。对于一些由胶合件组成的晶体棱镜，胶合面必须成对一次加工完成，粘结时必须用冷胶工艺。除少数可用石膏盘外，大部分要采用特殊上盘法。石膏盘下盘时，不能用锤敲击，只能用小刀一点点地剔除石膏，否则造成工件碎裂，要特别注意。

12.3.4　汤普森棱镜的加工过程

汤普森棱镜是由冰洲石制成的偏光技术中获得广泛应用的一种棱镜，如图 12-16 所示，其加工过程如下。

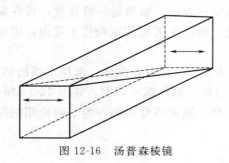

图 12-16　汤普森棱镜

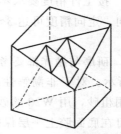

图 12-17　冰洲石切割划线

① 根据图纸上给出的各项技术要求，选择具有合适等级的无色冰洲石材料，并在 X 射线定向仪上定向，确定加工基准面。

② 磨制第二个基准面。以第一个基准面为基准，用 502 胶粘在开有等间距槽的平行平板上。磨制第二基准面时，要控制平面度、平行度和厚度，然后用丙酮浸泡下盘。

③ 切割成型。按零件尺寸如图 12-17 所示在基准面上划线，用钢丝锯加 W28 号砂浆手工锯割，然后磨出与基准面垂直的平面，并成型、倒棱；

④ 细磨抛光胶合面。选取同一定向精度的毛坯用 502 胶成对粘结，上石膏盘，先加工胶合面，细磨用 W20 和 W14 号砂子，细磨到无划痕、粗砂眼和解理裂纹为止。抛光采用软胶盘，先用红粉粗抛，后用氧化镁粉精抛，胶合面加工完成后，涂 δ-4 胶保护抛光表面、下盘。

⑤ 细磨抛光通光面，首先手工修磨好棱镜顶角 θ，然后重新上盘细磨抛光通光面，上盘时应留出检测角度用的通光窗孔。

⑥ 下盘清洗擦干。

⑦ 先用 δ-4 胶临时胶合，检查棱镜的光谱透射率、消光比、离轴角。达到规定的技术要求后，再在水平工作台上用 GHJ-10 光学环氧树脂胶胶合。

⑧ 待胶合面凝固后，在非工作表面涂黑色消光保护漆。

思 考 题

1. 晶体光学零件加工具有哪些特点？

2. 晶体的定向方法有哪些？用 YX-1 型定向仪定向如何操作？

3. 如何识别石英晶体的光轴方向与旋向？

4. 软质晶体零件的加工要求哪些？如何提高软质晶体零件的表面光洁度？

附：常用磨料粒度号对照表

中国	美国	前苏联	粒度尺寸范围/μm	用途	破坏层深度/μm
46#			400～315	锯料	
60#			315～250	粗磨、锯料	
70#			250～200	粗磨、锯料	
80#		80	200～160	粗磨、锯料	230
100#		100	160～125	粗磨、锯料	166
120#		120	125～100	粗磨	122
150#		150	100～80	粗磨	
180#		180	80～63	粗磨、磨边	
240#		240	63～50	粗磨、磨边	
280#		280	50～40	精磨	43
W40	302	320	40～28	粗磨、精磨	35
W28	$302\frac{1}{2}$	M28	28～20	粗磨、精磨	22
W20	303	M20	20～14	精磨	15
W14	$303\frac{1}{2}$	M14	14～10	精磨	10
W10	304	M10	10～7	精磨	7
W7	305	M7	7～5	精磨	5
W5	306	M5	5～3.5	精磨	
W3.5	307		3.5～2.5	精磨	
W2.5			2.5～1.5	粗抛光	
W1.5			1.5～1.0	抛光	
W1.0			1.0～0.5	抛光	
W0.5			0.5 以下	抛光	

第13章　光学加工质量检验

光学加工质量检验是指光学车间里各道工序后加工质量的检验，主要内容有：

① 表面质量检验；

② 面型检验；

③ 棱镜的角度检验；

④ 几何尺寸的检验等。

13.1　粗糙度及表面疵病检验

13.1.1　粗糙度及检验方法

粗糙度旧标准中称为光洁度，系指研磨加工后零件表面的微观几何形状特性，用符号▽表示。一般情况下，零件粗磨完工后应达到 $\overset{3.2}{\diagdown}$，即 $Ra = 3.2\mu\mathrm{m}$；细磨完工后应达到 $\overset{0.8}{\diagdown}$，即 $Ra = 0.8\mu\mathrm{m}$；抛光完工后应达到 $\overset{0.008}{\diagdown}$，即 $Ra = 0.008\mu\mathrm{m}$。分别相当于用 W40（302$^{\#}$）、W14$\left(303\frac{1}{2}^{\#}\right)$和抛光粉加工过的表面，对应于旧标准光洁度等级为 ▽5、▽7 和 ▽14。

表 13-1 列出光学零件表面粗糙度 Ra、Rz 与加工方法的关系。

表 13-1　光学加工各工序的表面粗糙度

粗糙度符号	$Ra/\mu\mathrm{m}$	$Rz/\mu\mathrm{m}$	l/mm	零件表面	加工方法	旧标准光洁度等级
$\sim$	—	—		压制或铸造毛坯表面，玻璃板和玻璃管等零件不需继续加工的表面	压制、铸造、吹制、拉制、轧制	$\sim$
$\overset{Rz50}{\diagdown}$	>10 ~20	>40 ~80	8	粗加工表面	用金刚石铣刀和锯片、金刚砂，粒度由 60 号到 150 号的磨料或由 30 号到 60 号的砂轮加工	▽3
$\overset{3.2}{\diagdown}$	>2.5 ~5	>10 ~40	1.5	零件粗磨后的毛面，棱镜、平面镜和保护玻璃的侧表面与倒角；直径大于 18mm 和配合不高于 4 级精度的透镜、滤光镜、分划板、保护玻璃及其他零件的圆柱表面和倒角	用粒度 240 号到 W28 的磨料或由 100 号到 180 号的砂轮加工；喷细砂，用金刚石铣刀和锯片加工	▽5
$\overset{1.6}{\diagdown}$	>1.25 ~2.5	>6.3 ~10	0.8	零件精磨后的毛面，中等尺寸的棱镜、平面镜和保护玻璃的侧表面和倒角；毛玻璃表面，直径到 18mm 的 4 级配合精度与直径大于 18mm 的 3 级配合精度的透镜、分划板、滤光镜、保护玻璃及其他零件的圆柱表面和倒角	用粒度由 W28 到 W14 的磨料或由 180 到 240 号的砂轮加工	▽6

粗糙度符号	$Ra/\mu m$	$Rz/\mu m$	l/mm	零件表面	加工方法	旧标准光洁度等级
0.8 ▽	>0.63 ~ 1.25	>3.2 ~ 6.3	0.8	零件精磨后的毛面,直径小于 18 毫米的 3 级配合精度的透镜和分划板的圆柱面,毛玻璃(如照相机用的)表面	用粒度由 W14 到 W10 的磨料或由 240 到 280 号的砂轮加工	▽ 7
0.4 ▽	>0.32 ~ 0.63	>1.6 ~ 3.2	0.8	零件精磨后的毛面,3 级精度以上之配合的精密定中心透镜的圆柱面,如精密显微光学毛玻璃的精磨面,水准泡玻璃管内壁	用粒度由 W10 到 W7 的磨料或由 280 到 320 号的砂轮加工	▽ 8
Rz0.1 ▽	>0.01 ~ 0.02	>0.05 ~ 0.1	0.08	平面镜、保护镜的抛光面,圆形水准泡盖片外表面和其他不在光学系统中的零件工作面,在这些上面允许有不显著的未完全抛光的痕迹	用抛光粉在呢绒、柏油或其他抛光模上抛光	▽ 13
Rz0.05 ▽	<0.01	<0.05	0.08	透镜、分划板、棱镜、反射镜(包括金属反射镜)等光学零件的抛光面,在这些面上不允许有未完全抛光的痕迹	用抛光粉在呢绒、柏油或其他抛光模上抛光	▽ 14

表中:Ra—轮廓算术平均偏差;

Rz—微观不平度十点高度;

l—取样长度。

研磨件表面粗糙度通常是在 $60\sim100W$ 的白炽灯照明下,用目视进行观察,其等级可与样品比较来确定。要求研磨面砂眼均匀,不允许有下道工序中难以消除的划痕及麻点存在。检验过的零件要洗净、擦干。

13.1.2　表面疵病及检验方法

表面疵病系指麻点、擦痕、开口气泡、破点及破边,在图纸上用 B 表示。根据光学零件表面疵病尺寸和数盘,共分 10 级,$0\sim I$-30 级适用于位于光学系统像平面上及其附近的光学零件,其允许疵病尺寸和数量如表 13-2 所示。

表 13-2　$0\sim I$-30 级疵病的尺寸及数量

疵病等级	疵病的尺寸及数量						
	麻　点					擦　痕	
	麻点最大直径/mm	D_0/mm				最大宽度/mm	总长度/mm
		至 20	$>20\sim40$	$>40\sim60$	>60		
		允许的麻点数量/个					
0	在规定的检验条件下,不允许有任何疵病						
I-10	0.005	4	6	9	15	0.002	$0.5D_0$
I-20	0.01	4	6	9	15	0.004	$0.5D_0$
I-30	0.02	4	6	9	15	0.006	$0.5D_0$

II$\sim$VII级适用于不位于光学系统像平面上的光学零件,其允许疵病尺寸和数量如表 13-3 所示。

表 13-3　Ⅱ～Ⅶ级疵病的尺寸及数量

疵病等级	疵病的尺寸及数量					
	麻　点			擦　痕		
	直径/mm	总数量/个	粗麻点直径/mm	宽度/mm	总长度/mm	粗擦痕宽度/mm
Ⅱ	0.002～0.05	$0.5D_0$	0.03～0.05	0.002～0.008		0.006～0.008
Ⅲ	0.004～0.1	$0.8D_0$	0.05～0.1	0.004～0.01		0.008～0.01
Ⅳ	0.015～0.2		0.1～0.2	0.006～0.02	$2D_0$	0.01～0.02
Ⅴ	0.015～0.4	$1D_0$	0.2～0.4	0.006～0.04		0.02～0.04
Ⅵ	0.015～0.7		0.4～0.7	0.01～0.07		0.04～0.07
Ⅶ	0.1～1		0.7～1	0.01～0.1		0.07～0.1

注：各级表面粗麻点之数量不得超过允许麻点数量的 10%，粗擦痕总长度不得超过允许擦痕总长度的 10%。计算粗麻点数量时，计算结果按四舍五入凑整。

　　零件表面疵病的尺寸及数量虽未超过表 13-3 的规定，但发现有疵病密集在一起的现象时，还须补充测定表 13-4 各级所规定之限定区内疵病的尺寸和数量。

表 13-4　限定区内表面疵病尺寸及数量

疵病等级	零件表面任何一部分限定区内疵病的尺寸及数量				
	限定区直径/mm	麻　点		擦　痕	
		总数量/个	其中粗麻点数量/个	总长度/mm	其中粗擦痕长度/mm
Ⅱ	2	2	1	4	2
Ⅲ	3	3	1	6	3
Ⅳ	5	5	1	10	5
Ⅴ	10	10	2	20	10
Ⅵ	20	20	3	40	20

　　限定区内如没有粗麻点和粗擦痕，则细麻点数量和细擦痕的长度允许按疵病换算后相应增加，如表 13-5 所示，但整个表面允许疵病的尺寸及总数量不得超过表 13-4 的规定。

表 13-5　粗麻点与细麻点换算表

ϕ_2 ＼ 相当于细麻点个数	ϕ_1												
	1	0.7	0.5	0.4	0.3	0.2	0.1	0.06	0.04	0.025	0.015	0.01	0.004
0.004									100	39	14	6	1
0.01							100	36	16	6	2	1	
0.015							44	16	7	3	1		
0.025						64	16	6	3	1			
0.04				100	64	25	6	2	1				
0.06			70	46	25	11	3	1					
0.1	100	49	25	16	11	4	1						
0.2	25	12	6	4	4	1							
0.3	11	5	3	2	1								
0.4	6	3	2	1									
0.5	4	2	1										
0.7	2	1											

注：ϕ_1 指粗麻点直径，ϕ_2 指细麻点直径。

（1）表面疵病检验方法

　　检验时，应以黑色屏幕为背景，光源为电压 36V、功率 60～100W 的普通白炽灯，在透射光和反射光下观察，如图 13-1 所示。

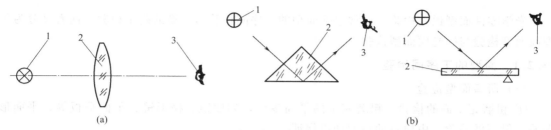

图 13-1　检验表面疵病的观察方法
1—光源；2—被检零件；3—观察方向

　　为了便于发现疵病，观察时允许朝任意方向转动零件，但在确定疵病大小时，应以透射光为准，在透射光下观察不出的疵病不予考核。

　　透射光观察常用于检验各种透镜、玻璃平板和小角度楔形镜；反射光观察常用于检验棱镜、大角度的楔形镜以及便于使用反射光观察的其他零件表面。

　　（2）各种表面疵病特征

　　① 麻点　是直径较小，并且凹下的点状疵病，呈灰白色或与抛光剂颜色相同。

　　② 擦痕　是条状疵病，颜色与麻点的颜色相同。有些细擦痕在转动零件观察时，带有闪光或呈彩色。

　　③ 开口气泡　是由于气泡磨穿后形成的团形或长圆形的点状疵病，多与抛光剂颜色相同，直径较大。

　　④ 破点　不规则的点状损伤，常带有闪光或同于抛光剂颜色。

　　⑤ 破边　即零件边缘部分的缺损。

　　⑥ 裂痕　伸向玻璃体内的条状裂纹疵病，带有闪光或呈彩色。

　　⑦ 印迹　是凸起在零件表面上的黏附物或霉雾，它们具有各种形状，呈黑褐色、白色或其他颜色等。一般在自然光或用被薄形纸遮挡的灯光下用外反射光进行观察。

　　（3）注意事项

　　检验表面疵病时一般应注意：

　　① 检验中，若用清洁方法不能擦掉的印迹应重新抛光；

　　② 裂痕疵病原则上不允许存在，若在有效孔径外，可用油石磨毛，但不得有残留的裂痕痕迹；

　　③ 对于小于标准所规定之疵病尺寸下限的聚焦麻点和擦痕，在其内侧间距大于或等于麻点直径或擦痕宽度时，应理解为明显分开，否则按密集处理；

　　④ 由于工艺因素及玻璃化学稳定性差而产生的灰雾状疵病，可根据零件疵病等级要求，按选定的样品比较检验。观察中，不允许使用方向特殊的光线；

　　⑤ 为了便于发现疵病，观察时允许将零件向任何方向转动，但判断时应以正确的观察方向为准；

　　⑥ 由于温差影响，使零件表面造成雾气不便观察时，可先在灯下烘烤，消除雾气；

　　⑦ 检验后不合格的零件，应用专用铅笔（或蜡笔）在疵病所在面上按规定符号作出标记。

13.2　面型误差检验

光学零件面型误差检验，通常包括面型的工序间检验与面型的终了检验。前者又分为研磨面面型检验与抛光面面型检验。

13.2.1　面型的工序间检验

（1）研磨面型检验

① 粗磨完工面的检验　粗磨完工的平面零件，如棱镜、楔形镜、平面平板等，平面形误差一般不做检验，由模具的精度加以保证。

粗磨完工的球面零件，用擦贴度法对面型进行检验，即将粗磨完工表面在精磨模上擦贴，被擦贴后的加工表面，其擦贴度应为 $\frac{1}{3} \sim \frac{1}{2}$ 范围且应呈低光圈配合。

② 细磨完工面的检验　细磨完工后一般不下盘，所以对零件表面面型检验一般在盘上进行。

对于棱镜、平板等平面类零件，可在盘上用刀口尺检查透光缝情况，以此为依据判断误差大小和性质（低、高），也可用样板在掠射光情况观察光圈，确定误差大小和性质。研磨面型检验如图 13-2 所示。

(a) 刀口尺检验平面　　　　　　　　　　　　(b) 比卡检验球面

图 13-2　研磨面型检验

对于球面零件，一般用试抛办法检验。

（2）抛光面面型检验

抛光面面型工序间检验在盘上进行，并采用样板法通过观察光圈检验。具体操作请参阅"抛光"一章的相应内容。

（3）工序间检验应注意事项

① 室温最好保持在 25℃ 左右，刚停止加工被检件应静置一段时间以便均温。

② 发现的缺陷应标出记号，便于修正。

③ 盘上检验指标应提高一级或半级验收。

④ 检具、擦拭液、擦布等应保持清洁。

⑤ 样板不得在盘上来回拖动。

13.2.2　面型的终了检验

抛光结束零件下盘后，其面型精度的最后检验应在检验室进行，并且应是非接触式的，以免划伤表面。检验前应根据零件直径尺寸的大小按表 13-6 规定的时间进行定温。

表 13-6　工件直径与定温时间

零件直径/mm	1～10	10～20	20～30	30～40	40～60	60～80	80～100	>100
定温时间/min	2	3	5	10	20	30	40	>60

（1）球面面型误差检验

① 用干涉仪检验　采用干涉仪对光学零件面型误差进行检验，是非接触式检验法中用得最为广泛的一种。各种干涉仪的基本原理相同，如图 13-3 所示。通过对干涉图样（光圈或条纹）的观察与识别，来判定被检零件的面型误差。

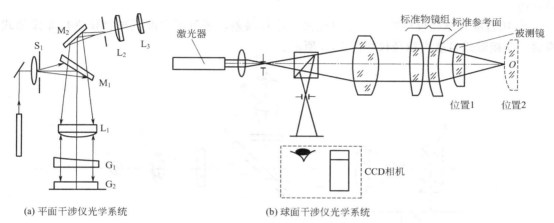

(a) 平面干涉仪光学系统　　　(b) 球面干涉仪光学系统

图 13-3　检验球面面型误差的干涉仪

以菲索型激光平面干涉仪说明其原理，其光路如图 13-3（a）所示。激光照明的小孔光阑 S_1 当作点光源，由点源 S_1 发出的光束经 M_1 和 L_1 准直后，正入射到标准平板 G_1 和被测平板 G_2 上。通常 G_1 做成有很小的楔角，使从上表面和下表面反射的光束分开一定的角度，并让上表面的反射光束移出视场之外。从 G_1 下表面和 G_2 上表面反射的光束经准直镜 L_1 并由 M_2 反射后，会聚到 L_1 的焦平面处。由 G_1 下表面和 G_2 上表面形成的空气楔产生等厚干涉条纹，通过测微目镜，就可以观察或测量和干涉条纹。

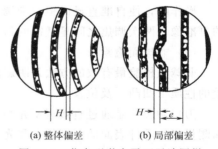

(a) 整体偏差　　　(b) 局部偏差

图 13-4　菲索型激光平面干涉图样

如果待测平面不平，干涉条纹就会发生弯曲，如图 13-4（a）所示。被测平板的平面度 P 用 H 和 e 之比表示：

$$P = \frac{H}{e} \tag{13-1}$$

式中，e 为条纹间距，H 为条纹弯曲的矢高。平面偏差，即凹陷或凸起的厚度为

$$h = \frac{\lambda_0 H}{2e} \tag{13-2}$$

式中，λ_0 是入射波长，e 和 H 用测微目镜测量。

如图 13-4(b) 所示，若平板有局部缺陷，局部误差 ΔP 由下式表示：

$$\Delta P = \frac{H}{e} \tag{13-3}$$

通常估测条纹弯曲程度所能达到的精确度约为 1/10 条纹，所以平面干涉仪测定平面缺陷的精度为 1/20 波长，约 $0.03\mu m$。

使用平面干涉仪检测零件的面型误差有以下优点：

a. 在平面干涉仪内光线垂直入射在两界面上，观察条纹亦在垂直方向，避免了样板法时可能出现的倾斜观察带来的计数误差；

b. 平面干涉仪内标准平面和被检面之间是非接触的，没有接触误差及因接触带来的机械损伤。

② 用自准直球径仪检验　对于球面曲率半径误差，还可用自准直球径仪进行非接触式检验。非接触式自准直球径仪如图 13-5 所示。

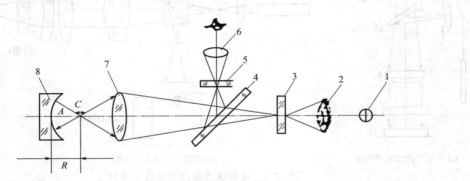

图 13-5　自准直球径仪

1—光源；2—聚光镜；3—分划板；4—半反射镜；5—目镜分划板；6—目镜；7—物镜；8—被测件

操作时，使自准直显微镜分别调焦于被测球面的球心 C 和顶点 A，观察到清晰无视差的自准像，两次调焦之间显微镜的移动距离就等于被测球面的曲率半径。

（2）非球面检验

非球面检验最有效的方法是阴影法。其优点是设备简单，灵敏度高，可有效地判断出误差的性质（凹凸）及位置。

刀口阴影法是通过直接观察光瞳上的图形（阴影图），来判断光瞳上波面变化情况，从而测量光学零件表面的面型偏差和光学系统的波像差。通过波像差和几何像差的转换关系，也可测量光学系统的几何像差。

刀口阴影法是一种非接触检验方法，灵敏度很高。实践表明，在一般观察条件下，观察者不难发现 $\lambda/20$ 的波面局部误差和带区误差。灵敏度很高是指垂直刀刃方向的灵敏度，平行刀刃方向的灵敏度为零。

① 刀口阴影法基本原理

a. 理想球面波的阴影图及其变化规律　刀口阴影法是判断实际球面波面差的非常灵敏的方法。根据观察到的阴影图判断实际波面对于理想球面波的偏差情况，从而判断被测光学零件、光学系统或光学材料在什么部位上有缺陷、缺陷的方向及其严重程度。

假设经过被测样品后的被测波面是理想球面，如图 13-6 中的 AB，从几何光学观点看，所有光线都会聚于球心 O，即波面法线（光线 AO、BO）均会聚于 O 点，如果观察者的眼睛位于 O 点附近，所有会聚光线进入眼睛，可以看到一个均匀明亮的视场，其范围由被测件边缘所限制。图 13-6 中 N 表示刀口的位置，是一种不透明的带有锋利边缘的挡光屏，其锋利边缘就是刀口，刀口的方向与图面垂直，刀口可以自右向左移动，切割光束。当刀口正好位于光束会聚点 O 处（位置 N_2）时，可以看到本来是均匀照亮的视场变暗了一些，但是亮度仍然是均匀的（图 13-6 中的阴影 M_2），这个刀口位置（N_2 和 O）点重合是很灵敏的。当稍向左一点视场全暗，偏右一点，视场全亮。所以刀口从右→O 点→左，可见到视场阴影变化规律为全亮（均匀）→半暗（均匀）→全暗（均匀）。半暗过程的存在，从物理光学观点来看是容易理解的，因为会聚点不可能是一个几何点，而总是有一定大小的光斑，光线不可能一瞬间全部被挡掉，而是有一个极短的过滤过程。这个均匀半暗状态的位置是

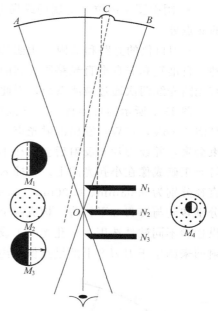

图 13-6　理想球面波的阴影图

灵敏位置，刀口十分接近该灵敏位置时，只要波面存在微小的缺陷，从阴影图中就能灵敏地反映出来。

　　当刀口位于光束交点的前面（图中 N_1 处），自右向左移动切割光束时，可以看到原来均匀照亮的视场右边开始出现阴影，随着刀口向左移动，阴影逐渐扩大，即亮暗分界线向左移动，直到刀口将光束全部挡住，视场变暗。就是说，刀口从右向左移，暗区也从右向左扩展（阴影图 M_1）。当刀口位于光束交点 O 之后，图 13-6 中 N_3 处，可以看到相反的过程，当刀口从右向左移，暗区从左向右扩展（阴影图 M_3）。

　　b. 球面波上有局部变形的阴影图　如图 13-6 所示，球面波 AB 上有一局部变形 C（凹陷），C 区域相应的光线（图中虚线部分）就不再相交于 O 点。现把刀口放在图 13-6 中 N_2 的位置上，视场呈半暗状态，但在局部变形 C 区域内，则右半部是亮的，左半部是暗的（阴影图 M_4）。从图中可见 C 区域的光线交点是在 N_2 位置之前，也就是位于 N_2 处的刀口是处在局部变形区域 C 光线交点之后，C 区域在左半部光线被刀口阻挡，右半部光线通过，所以 C 局部区域阴影图 M_4 类似于全视场阴影图 M_3，是右亮左暗。如果区域 C 局部变形是凸起，情况正好相反，该区域阴影将是右暗左亮，类似于全视场的阴影图 M_1。因而根据所见到的阴影图很容易发现球面波的局部缺陷，从而判断被测件的缺陷。从阴影图的轮廓和亮度对比情况，就可以灵敏地发现被测件缺陷的程度和部位。

　　综合上分析，刀口与光束会聚点的相对位置以及刀口横向移动时阴影图的变化可以概括为三个判断准则。

　　• 阴影与刀口同方向移动，则刀口位于光束会聚点之前。如果这是局部区域的阴影图，则相对于刀口为中心的球面波而言，该区域是凸起的。

　　• 阴影与刀口反方向移动，则刀口位于光束会聚点之后。如果这是局部区域的阴影图，则相对于刀口为中心的球面波而言，该区域是凹陷的。

　　• 阴影图某部位（全现场或局部）呈现均匀的半暗状态，则刀口正好位于该区域光束的交点处。

　　c. 刀口仪的光路和结构　用阴影法观测波面误差，光路的安排有自准直和非自准直两种。自准直和非自准直光路所看到的阴影图基本相同，但进行定量检验时，必须考虑到自准直光路光线两次通过被测系统，因此波面误差加倍。

　　图 13-7 所示为自准直刀口仪镜管的光路图。由调节螺钉 5 来调整灯泡 4 的灯丝位置，灯泡 4（6V，15W）发出出射光束，经两块双焦透镜组成的聚光镜 3（相对孔径 1/2）将光束会聚，并经刀片 6 反射后会聚在小孔光阑 1 上。靠近光源的一块双焦透镜可轴向移动，使灯丝正确成像在小孔光阑上。当插入滤光片 9 时，可以产生单色光。转盘 2 上有 6 个小孔，直径分别为 0.03mm、0.06mm、0.08mm、0.2mm、0.5mm、1.0mm，当转盘两个直角边分别转到与刀刃 8 平行时，构成两个与直角边平行的宽度为 0.5mm 和 0.15mm 的狭缝，以供检验不同试件选用。小孔光阑 1 或狭缝到刀刃的距离一般不大于 3mm，即由被测件 7 反射回来的位于刀刃 8 上的星点像偏离被检系统光轴不大于 1.5mm。

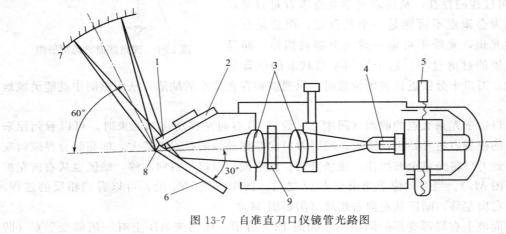

图 13-7　自准直刀口仪镜管光路图

　　松开紧靠镜管下面的锁紧手柄可将镜管从水平位置倾斜（刀口一侧向下），最大倾角 45°。松开立柱上的锁紧螺钉可粗调镜管升降，粗调范围为 70mm。微调镜的升降则由转动锁紧手柄下面的微调螺母实现，微调范围为 15mm。底座上有两个互相垂直安置的测微机构，它们分别使镜管做纵向和横向移动，调节底座方位，即可实现刀口与小孔一起沿被检系统的轴向和垂直轴方向移动，移动范围各为 15mm，最小格值为 0.01mm。

　　仪器的调整步骤如下。

　　• 出射光束的调整。要求出射光束在相对孔径为 1/2 的被检系统整个入瞳面上产生均匀的照度。

　　• 光阑的选择。被检系统的实际波面具有轴对称性的，选择狭缝较有利，否则选用小孔较为有利。根据被检系统相对孔径大小和反射回来的光束的强弱来选择小孔的直径和狭缝的宽度。相对孔径小而反射光弱的，应选直径大的小孔或宽的狭缝。

　　• 调节刀口的两个移动方向，使一个方向与被检系统的光轴方向一致，另一方向与光轴垂直。

　　• 保持一定的环境条件。仪器应放在牢固稳定的工作台上，光路中应保持空气高度均匀，房间要黑暗或半暗。

②　刀口阴影法检验面型误差

a.用刀口阴影法检测凹球面镜的面型误差　当光源位于凹球面镜的球心时，由光源发出的光线，经凹球面反射后，反射光线将会聚于球心处。检验时首先要确定凹球面反射镜球心位置，可分粗定球心和精定球心两步完成。粗定球心的步骤是，观察者面对凹球面反射镜，当看到自己脸的正像后，沿光轴远离镜面，脸像逐渐变大，看到自己眼睛瞳孔充满整个镜面时，观察者就位于球心附近了。如果观察者再继续远离镜面，像就变成倒的且逐渐缩小，此时观察者已在球心之外了。对于曲率半径不太大的球面，该法可以很快地找到球心大致位置。对于曲率半径 R 特别大的反射镜，只要用一支手电筒在镜面前照亮，人往后退，直至看到电筒灯丝的像充满镜面为止，球心即大致位于此处。刀口应放在眼瞳孔（或手电筒的灯丝）充满整个镜面的位置。如图 13-8 所示，S 为刀口仪小孔光源，O 为被测球面 AB 的球心。精定球心时刀口 N 位于垂直被测球面光轴的平面内。由几何光学成像理论，若 S 过球心 O 的垂直光轴的平面内，则 S 由 AB 反射的共轭像 S' 也在该平面内，且 $SO=S'O$，如图 13-8(a) 所示，如果 S 和 O 不是位于过球心 O 垂直于光轴的同一平面内，则 S 和 S' 对称排列在 O 两边，如图 13-8(b)，此时位于 O 点之后的人眼左右摆动，可看到 S' 和刀刃有相对位移，此时若见到 S' 与人眼反向移动，可将刀口仪后移，直至两者相对移动消失，刀口 N 就处于图 13-8(a) 所示位置。同理可分析刀口位于球心之后的情况，调节方法相反。

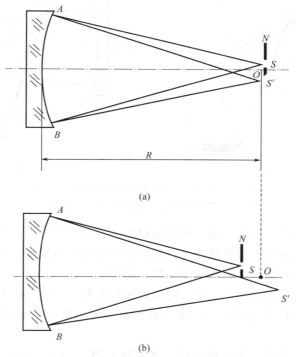

图 13-8　用刀口阴影法检验凹球面镜面型误差

用刀口仪的刀口切割像点时，就可以看到阴影图。如果被测球面面型良好，刀口位置如图 13-8(a) 所示时，阴影图如图 13-6 的 M_2。刀口位置如图 13-8(b) 所示时，阴影图如图 13-6 的 M_1。如果被测球面有局部误差，刀口位于 O 的位置，阴影图如图 13-6 的 M_4，则局部误差是凹陷的，反射球面波局部也是凹陷的。如果被测球面有带区误差，刀口位置应放在平均球心位置（看到最复杂的阴影图），因为此时各带区球心的位置不完全重合，找不到共同球心。检验时，刀口要缓慢地切割光束，否则，某些小的缺陷会因切割太快而看不清。检验中，刀口未切入时，镜面上的亮度应该均匀，同时亮度要适当，太亮刺眼，太暗难辨别，两者都会降低灵敏度。此法检测球面镜局部面型误差灵敏度可达 $\lambda/4$。

检验球面时，一般用狭缝光源，但当误差非轴对称分布时，还是用点光源较好。这里要指出，有时在镜面缺陷不太大时，会发现阴影的亮暗分界线不是与刀口平行，而是倾斜甚至垂直的，刀口在像点前后轴向微微移动时，倾斜方向会发生旋转，这种现象称为像散。这时，用高倍目镜可以看到球面成的像在球心 O 的内外处变成椭圆形。

b. 用刀口阴影法检测平面面型误差　图 13-9（a）所示为刀口阴影法检测平面面型误差的原理图，这种测量需要借助一块标准凹球面反射镜。测量时，利用刀口仪采用自准直光路。被测平面与光轴倾斜放置在标准球面镜的前面，倾斜角 ω 约为 $45°$，标准球面和被测平面之间的间隔不必太大，但标准球面的口径应足够大，如使其相对孔径不大于 $1/10$。刀口仪放置在标准球面的球心附近，在反射回来的刀口仪小孔光源 S 的像 S' 处刀口切割。人眼在刀口屏后观察被测平面，由于被测平面倾斜放置，所以当它为圆形时，观察到的是一椭圆。

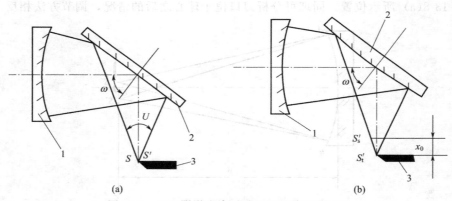

图 13-9　刀口阴影法检测平面面型误差原理图
1—标准凹球面镜；2—被测平面镜；3—刀口

如果被测平面是一个完好的平面，则如同检测一个完好的球面一样，当刀口切割光束时可以发现在一瞬间视场完全变暗的状态。如果被测平面有局部误差，则在一瞬间视场完全变暗的阴影图中，会在相应部位上出现局部亮暗不均匀的阴影。

上述方法可以灵敏地发现被测平面上的局部面型误差，但是，如果被测平面具有凸球面或凹球面的误差时，仅用上述方法切割光束则难以发现和判断，这时需要通过其他方法来检测。

当被测平面是一个曲率很大的球面时，其光路如图 13-9（b）所示。由小孔光源 S 发出的球面波经过大曲率半径 R 的被测平面反射变成具有像散波面的光束射向标准球面反射镜，经标准球面反射镜反射后，再由被测平面反射，在小孔光源附近形成了两条焦线，如图 13-9（b）所示，其中子午焦线 S'_t 垂直于子午面（即垂直于图平面），图中以一圆点表示。弧矢焦线 S'_s 位于子午平面之内（即在图平面内）。检测时，仍将刀口仪放置在标准球面的球心附近，首先使刀口方向垂直于子午面，使刀口自右向左切割光束，同时轴向调节刀口仪位置，若见到视场在瞬间全部变暗，则刀口就位于球心或子午焦线上，在刀口仪上可记下一个轴向位置的读数。然后，改变刀口方向，使之平行于子午面，并使刀口自下而上切割光束，如果被测波面是良好的球面波，则视场仍然保持在瞬间全部变暗的状态，此时刀口就位于球面的球心处。如果被测平面是曲率半径很大的球面，当刀口自下而上切割光束时就看到阴影逐渐扩大。当阴影变暗方向与刀口运动方向相反时，表示子午焦线在弧矢焦线的里面，表示镜面是微凹的平面。由此，轴向移动刀口仪，并自下而上切割光束，即可找到一瞬间视场全部变暗的位置，这表明刀口已位于弧矢焦线处。在刀口仪上又可读得一轴向位置的读数，两读数之差即为像散差，用 x_0 表示。x_0 值与被测平面实际存在的凹凸量（即矢高 h）有以下关系：

$$h = \frac{D_0^2 x_0}{16L^2 \sin\omega \tan\omega}$$

式中，L 是刀口到被测平面的距离；ω 是被测平面法线与光轴的夹角；D_0 是被测平面的通光口径。

c. 刀口阴影法检测非球面面型误差　光学系统中经常用到的非球面大多数是轴对称的二次曲面。若将光轴（即 x 轴）取作对称轴，二次曲面的顶点取在坐标原点处，则二次曲面的一般方程式为

$$y^2 + z^2 = zRx + (e^2 - 1)x^2$$

式中，R 为顶点曲率半径；e 是曲面偏心率。当 R 和 e 确定后，则二次曲面的面型也就完全确定了。不同的 e 值对不同类型的曲面，如下所示：

$$e^2 < 0 \qquad 扁球面$$
$$0 < e^2 < 1 \qquad 椭球面$$
$$e^2 = 1 \qquad 抛物面$$
$$e^2 > 1 \qquad 双曲面$$
$$e^2 = 0 \qquad 球面$$

除扁球面外，上述各类曲面在对称轴上均有一对特殊点。若光源位于其中的某一点，自该点发出的光线经曲面反射后，一定会聚于另一点处，这一对特殊点称为"无像差点"（抛物面有一个无像差点在无限远）。若用 l 和 l' 分别表示这一对无像差点距离曲面顶点的距离，则有

$$l = \frac{R}{1+e} \qquad l' = \frac{R}{1-e}$$

用阴影法检测非球面面型误差时，检测方法有无像差点法和补偿法两种。

在无像差点刀口阴影法中，利用二次曲面中存在的一对无像差共轭点这一特性，可设计出各种刀口阴影法的检测方案。

• 凹椭球面。对凹椭球面来说，可以直接利用其无像差点法来进行检测，如图 13-10 所示。通常在靠近镜面的那个无像差点 F_1 处放上点光源 S，而在另一个无像差点 F_2 处放刀口，根据观察到的阴影图来判断凹椭球面的面型误差。

• 抛物面。对抛物面来说，它的焦点是一个无像差点，而另一个无像差点在无穷远。所以要想利用抛物面的两个无像差点来进行直接检测是有困难的。为了检测抛物面的面型误

差，必须添加一个标准平面反射镜作为辅助镜，如图 13-11 所示。光源 S 及刀口均放在抛物面的焦点 F 处。由于加入光路中的是标准平面镜，因此从阴影图中看到的缺陷就是抛物面的面型误差。

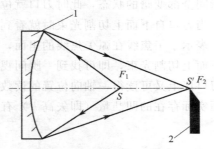

图 13-10　刀口阴影法检测凹椭球面
的面型误差原理图
1—凹椭球面镜；2—刀口

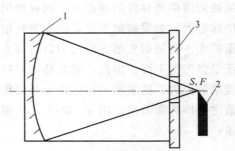

图 13-11　刀口阴影法检测抛物面
的面型误差原理图
1—抛物面镜；2—刀口；3—标准平面镜

13.3　角度与线性尺寸检验

对于棱镜、楔形镜、平行平板等平面形光学零件，均需进行角度检验，测量两面角、棱差或光学平行差的大小。

角度的测量除了用比较测角仪测量外，精密测量时，常常使用分光计和泰曼干涉仪。

13.3.1　用分光计测量棱镜角度

分光计是一种常用的光学仪器，它实际就是一种精密的测角仪。分光计的型号很多，常用的有 JJY、FGY 两种。分光计主要技术参数见表 13-7。

表 13-7　分光计主要技术参数

项目 型号	自准直望远镜			平行光管		刻度盘			载物台	
	物镜焦距/mm	目镜焦距/mm	放大倍数	物镜焦距/mm	狭缝调节范围/mm	度盘读数范围	游标读数值	最小读数值	旋转角度	升降范围/mm
FGY-01 型	168	24.3	7×	168	0～2	0～360°	30″	15″	0～360°	45
JJY 型	168	24.3	5×	168	0～2	0～360°	1′	30″	0～360°	20

（1）分光计的结构和调整原理

JJY、FGY 两种型号分光计的结构、调整方法基本相同。下面以 JJY 型分光计为例来说明。

JJY 型分光计见图 13-12。要测准入射光和出射光传播方向之间角度，根据反射定律和折射定律，分光计必须满足下述两个要求：

①入射光和出射光应当是平行光；

②入射光线、出射光线与反射面（或折射面）的法线所构成的平面应当与分光计的刻度圆盘平行。

为此，任何一台分光计必须备有以下四个主要部件：平行光管、望远镜、载物台、读数

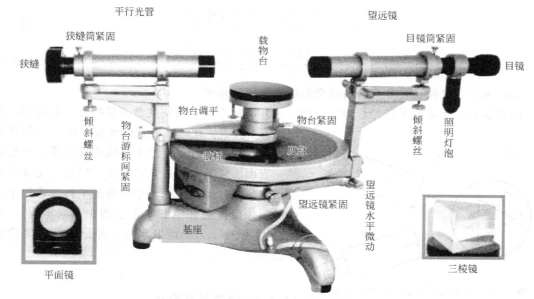

平行光管　　　　　　　　　　　　　　　　望远镜

狭缝筒紧固　　　　　　　　载物台　　　　　　目镜筒紧固

狭缝　　　　　　　　　　　　　　　　　　　目镜

倾斜螺丝　　　物台调平　　物台紧固　　倾斜螺丝　照明灯泡

物台游标间紧固　　　　　度盘　　望远镜水平微动

游标

基座　　　望远镜紧固

平面镜　　　　　　　　　　　　　　　　三棱镜

图 13-12　JJY 型分光计外形图

装置。分光计有多种型号，但结构大同小异。图 13-12 所示是 JJY-1 型分光计的外形和结构图。分光计的下部是一个三脚底座，其中心有竖轴，称为分光计的中心轴，轴上装有可绕轴转动的望远镜和载物台，在一个底脚的立柱上装有平行光管。

（2）用分光计测量三棱镜的顶角

三棱镜由两个光学面 AB 和 AC 及一个毛玻璃面 BC 构成。三棱镜的顶角是指 AB 与 AC 的夹角 α，如图 13-13 所示。自准直法就是使自准直望远镜光轴与 AB 面垂直，使三棱镜 AB 面反射回来的小十字像位于准线中央，由分光仪的度盘和游标盘读出这时望远镜光轴相对于某一个方位 OO' 的角位置 θ_1；再把望远镜转到与三棱镜的 AC 面垂直，由分光仪度盘和游标盘读出这时望远镜光轴相对于 OO' 的方位角 θ_2，

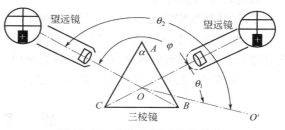

图 13-13　准直法测三棱镜顶角

于是望远镜光轴转过的角度为 $\varphi = \theta_2 - \theta_1$，三棱镜顶角为

$$\alpha = 180° - \varphi$$

由于分光仪在制造上的原因，主轴可能不在分度盘的圆心上，可能略偏离分度盘圆心。因此望远镜绕过的真实角度与分度盘上反映出来的角度有偏差，这种误差叫偏心差，是一种系统误差。为了消除这种系统误差，分光仪分度盘上设置了相隔 180° 的两个读数窗口（A、B 窗口），而望远镜的方位 θ 由两个读数窗口读数的平均值来决定，而不是由一个窗口来读出，即

$$\theta_1 = \frac{\theta_1^A + \theta_1^B}{2}, \quad \theta_2 = \frac{\theta_2^A + \theta_2^B}{2} \tag{13-4}$$

于是，望远镜光轴转过的角度为应该是

$$\varphi = \theta_2 - \theta_1 = \frac{|\theta_2^A - \theta_1^A| + |\theta_2^B - \theta_1^B|}{2} \tag{13-5}$$

$$\alpha = 180° - \frac{|\theta_2^A - \theta_1^A| + |\theta_2^B - \theta_1^B|}{2} \tag{13-6}$$

（3）用平行光管和自准直望远镜交角法测量棱镜角度

使自准直望远镜与平行光管构成一个锐角并固定不动，而使度盘和载物台一起转动，如图 13-14 所示，此时自准直望远镜仅作为一架普通望远镜来接收平行光管黑十字线的反射像。当棱镜某一表面法线平分平行光管光轴和望远镜光轴所构成的锐角时，望远镜视场中将看到平行光管黑十字线反射像恰好夹在空心小十字当中（取零位），如此两次以 AC、AB 面取零位，并记下两次零位的方位角 θ_1、θ_2，则

$$\angle A = 180° - |\theta_1 - \theta_2|$$

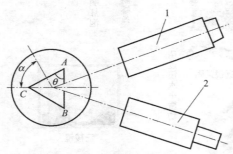

图 13-14　平行光管和望远镜测棱镜角度
1—平行光管；2—自准直望远镜

13.3.2　线性尺寸检验

光学零件的线性尺寸包括透镜的中心厚度、棱镜的理论高度、光学零件的内径、外径、倒角倒边宽度。

透镜的中心厚度用测厚仪测量，要求不高时，可用带有测帽分厘卡测量，对于双凸、平凸透镜，以测量结果的最大值为准，对于双凹平凹透镜，以测量结果最小值为准。

其他线性尺寸检验的测量工具常用百分表、卡尺、千分表、量规等。

线性尺寸检验时应注意：

① 仪器精度应满足零件检验精度要求；

② 测量过程中应防止零件偏斜、扭动，以免产生误差或造成破坏，接触测量时，防止互相拖动，光学表面接触量具时应垫薄纸保护；

③ 握持零件时，手指不能触摸光学表面。

思　考　题

1. 粗磨、细磨以及抛光完工后的光学零件表面一般应达到哪一级粗糙度？

2. 在加工过程中，各道工序之间面型匹配为什么应是低光圈匹配？粗磨完工零件在细磨模上检验擦贴度应为 $\frac{1}{2}$，为什么不要全部吻合？

3. 非球面面型检验中有哪几个关键技术问题？常用二次曲面检验中刀口放在什么位置？为什么？

4. 精密测角仪有两种检验厚度的方式，画出工作示意图。

5. 线性尺寸检验时，应注意哪些问题？

参 考 文 献

［1］ 李晓彤，岑兆丰.几何光学像差光学设计.杭州：浙江大学出版社，2003.

［2］ ［美］Milton Laikin.光学系统设计（原书第4版）.周海宪，程云芳译.北京：机械工业出版社，2012.

［3］ 毛文炜.光学镜头的优化设计.北京：清华大学出版社，2009.

［4］ 李林.现代光学设计方法.北京：北京理工大学出版社，2009.

［5］ 萧泽新.工程光学设计.北京：电子工业出版社，2008.

［6］ 郁道银，谈恒英.工程光学.北京：机械工业出版社，2007.

［7］ 安连生.应用光学.北京：北京理工大学出版社，2000.

［8］ 姚启钧.光学教程.北京：高等教育出版社，1988.

［9］ 李湘宁.工程光学.北京：科学技术出版社，2005.

［10］ 徐德衍.现行光学元件检测与国际标准.北京：科学出版社，2009.

［11］ 舒朝濂.现代光学制造技术.北京：国防工业出版社，2008.

参 考 文 献

[1] ... ...

[2] ... ...
... ... 2002.

[3] ... ... 2009.

[4] ... ... 2007.

[5] ... ... 2007.

[6] ... ... 2006.

[7] ... ... 2009.

[8] ... ...

[9] ... ... 2007.

[10] ... ... 2008.

[11] ... ... 2008.